Stefan Hölscher & Corinna Armbrüster (Hrsg.)

Gesundheit braucht Führung

Verlag

Bibliografische Information der Deutschen Nationalbibliothek
Die Deutsche Nationalbibliothek verzeichnet diese Publikation in der Deutschen Nationalbibliografie; detaillierte bibliografische Daten sind im Internet über http://dnb.d-nb.de abrufbar.

1. Auflage 2013

ISBN 978-3-944264-34-9

Gaisburgstraße 4 B, 70182 Stuttgart
Printed in Germany

Titelfoto: Elisabeth Vanderheiden
Bildmaterial Innenteil: Metrion Management Consulting GbR und Sabrina Müller / www.sabrinamueller.com
Lektorat: Berit Seidel, Schmiedeberg
Satz und Umschlaggestaltung: Julia Karl / www.juka-satzschmie.de

Druck und Bindung: E. Kurz + Co., Druck und Medientechnik GmbH, Stuttgart, www.e-kurz.de
Dieses Buch wurde auf chlor- und säurefreiem Papier gedruckt.

www.swb-verlag.de

Inhalt

Sätze zu Gesundheit, Führung, Wohlbefinden und Erfolg (Stefan Hölscher) **7**

Übersicht **11**

Was kann eine Führungskraft für die Gesundheit ihrer Mitarbeiter tun? – 13 Handlungsleitlinien (Stefan Hölscher) . . . **15**

Selbst-Check: Gesund Führen *27*

Handlungs-Check: Gesund Führen *33*

Ein Schutzschild gegen Stress (Wolfgang Reiber) **36**

Kurztest: Wie gut spannen Sie einen Schutzschild gegen Stress für Ihre Mitarbeiter? *53*

Umgang mit psychisch erkrankten Mitarbeitern – Erkennen. Ins Gespräch gehen. Helfen (Stefan Hölscher) . . . **55**

Arten psychischer Erkrankungen 58

Erkennen von Anzeichen 63

Ins Gespräch gehen 65

Helfen 69

Checkliste: Wahrnehmungshinweise, Gesprächsführungsleitlinien, Hilfestellungen im Umgang mit psychisch erkrankten Mitarbeiter/innen *73*

10 plus 2 Goldene Regeln zur Steigerung von Gesundheit, Wohlbefinden und Balance (Stefan Hölscher) **75**

Stressmanagement – Erfolg braucht Entspannung (Pia Gaspard) **85**

Stress – ein unverzichtbarer Energiebringer für Leistungsträger 85

Dem Stress auf drei Ebenen begegnen 91

Mit Stress umgehen lernen: Ansatzmöglichkeiten . . . 94

Entspannungsverfahren im Berufsalltag (Corinna Armbrüster, Stefan Hölscher, Pia Gaspard, Petra Homberg) . . . 105

Der Atem – unser ständiger Begleiter . . . 105
Entspannung durch Muskellockerung . . . 110
Progressive Muskelentspannung . . . 114
Business Yoga . . . 118
Entspannung mit Akupressur . . . 122
Entspannung mit Mentaltechniken . . . 127

Psychische Belastungen systematisch erfassen und reduzieren – Analysetools für das Betriebliche Gesundheitsmanagement (Petra Homberg) . . . 130

Fit für den demografischen Wandel? – Möglichkeiten zur Erhaltung der Leistungsfähigkeit (Karin Pape und Margret Beisheim) . . . 142

Checkliste: Wie fit ist Ihr Unternehmen für den demografischen Wandel? . . . 155

Autorinnen und Autoren . . . 156

Sätze zu Gesundheit, Führung, Wohlbefinden und Erfolg

von Stefan Hölscher

Jeder weiß: Gesundheit – ähnlich wie Geld – ist nicht alles, aber ohne Gesundheit ist alles nichts. Doch Gesundheit ist mehr: Sie ist nicht einfach die Abwesenheit von Krankheit, sondern bedeutet auch, sich wohlzufühlen, Kraft und Energie zu haben, ›gut drauf zu sein‹, Aufgaben beherzt angehen und seine ›PS‹ auf die Straße bringen zu können – so dass es läuft. Und in dieser Weise ist das aktive Achtgeben auf Gesundheit nicht nur wichtig, sondern absolut essenziell. Es ist das, was man braucht, um langfristig gut unterwegs zu sein.

Natürlich sind die Bedingungen manchmal alles andere als perfekt: die Arbeits- und Rahmenbedingungen, die eigene Form, die Fitness der anderen, die jeweiligen Umstände etc. In jeder Situation lässt sich aber zumindest das eine oder andere tun, um die Bedingungen spürbar zu verbessern. Etwas geht immer – insbesondere, wenn dies meine und unsere Grundeinstellung ist.

Als Führungskraft darauf zu achten, wie es mir und den anderen bei dem, was wir jeweils tun, geht – wie unsere Energie ist, unser Wohlbefinden, unsere Motivation, unsere Lust – all das ist kein Luxus, der, wenn es gut läuft, vielleicht noch oben drauf kommen kann. Es ist ein unverzichtbarer Teil der Basis gelingender Zusammenarbeit.

Gesunder Erfolg braucht gute Zusammenarbeit, und gute Zusammenarbeit braucht das Finden von Balancen. In einer Welt unterschiedlichster Anforderungen, Bedürfnisse und Veränderungen passiert das nicht von selbst. Es braucht die Bereitschaft, bewusst wahrzunehmen, Spannungen auszuhalten und kooperativ miteinander zu gestalten.

Zum Fundament erfolgreicher Zusammenarbeit gehört wertschätzendes Verhalten, das sich besonders darin zeigt, wichtige Bedürfnisse von anderen, aber auch von sich selbst zu erkennen, ernst zu nehmen und mit diesen Bedürfnissen vernünftig und respektvoll

Sätze zu Gesundheit, Führung, Wohlbefinden und Erfolg

von Stefan Hölscher

Jeder weiß: Gesundheit – ähnlich wie Geld – ist nicht alles, aber ohne Gesundheit ist alles nichts. Doch Gesundheit ist mehr: Sie ist nicht einfach die Abwesenheit von Krankheit, sondern bedeutet auch, sich wohlzufühlen, Kraft und Energie zu haben, ›gut drauf zu sein‹, Aufgaben beherzt angehen und seine ›PS‹ auf die Straße bringen zu können – so dass es läuft. Und in dieser Weise ist das aktive Achtgeben auf Gesundheit nicht nur wichtig, sondern absolut essenziell. Es ist das, was man braucht, um langfristig gut unterwegs zu sein.

Natürlich sind die Bedingungen manchmal alles andere als perfekt: die Arbeits- und Rahmenbedingungen, die eigene Form, die Fitness der anderen, die jeweiligen Umstände etc. In jeder Situation lässt sich aber zumindest das eine oder andere tun, um die Bedingungen spürbar zu verbessern. Etwas geht immer – insbesondere, wenn dies meine und unsere Grundeinstellung ist.

Als Führungskraft darauf zu achten, wie es mir und den anderen bei dem, was wir jeweils tun, geht – wie unsere Energie ist, unser Wohlbefinden, unsere Motivation, unsere Lust – all das ist kein Luxus, der, wenn es gut läuft, vielleicht noch oben drauf kommen kann. Es ist ein unverzichtbarer Teil der Basis gelingender Zusammenarbeit.

Gesunder Erfolg braucht gute Zusammenarbeit, und gute Zusammenarbeit braucht das Finden von Balancen. In einer Welt unterschiedlichster Anforderungen, Bedürfnisse und Veränderungen passiert das nicht von selbst. Es braucht die Bereitschaft, bewusst wahrzunehmen, Spannungen auszuhalten und kooperativ miteinander zu gestalten.

Zum Fundament erfolgreicher Zusammenarbeit gehört wertschätzendes Verhalten, das sich besonders darin zeigt, wichtige Bedürfnisse von anderen, aber auch von sich selbst zu erkennen, ernst zu nehmen und mit diesen Bedürfnissen vernünftig und respektvoll umzugehen. Diese Wertschätzung gilt gleichermaßen dem anderen wie sich selbst gegenüber. Dies ist eine der wichtigsten Quellen für die Entwicklung von Gesundheit, Wohlbefinden und Vitalität.

Einen Beitrag für ein faires Zusammenspiel – im äußeren wie auch in unserem inneren Team – zu leisten, heißt also immer auch, etwas für Gesundheit und Wohlbefinden zu tun.

Gesund Führen ist keine neue Managementmode. Gesund Führen heißt letztlich nichts anderes als in einem ganzheitlichen Sinn professionell oder gut zu führen.

Es geht um klassische Leitlinien: vernünftige Rahmenbedingungen schaffen, Ziele und Aufgaben fokussieren, Effektivität und Effizienz fördern, auf passende Kompetenzen achten, Gestaltungsspielräume geben, Orientierung und Transparenz vermitteln, Menschen und ihre Leistungen wertschätzen, Positives sehen, Belastungssituationen wahrnehmen, hilfreiche Gespräche führen, für Ausgleich sorgen, Lernen ermöglichen und als Basis für all das: das eigene Wohlbefinden stärken. Das Handeln als Führungskraft konsequent an solchen Leitlinien zu orientieren, heißt, gesund zu führen.

In Unternehmen sind Gesundheit und Wohlbefinden heutzutage nicht selten Schönwetterthemen, denen man sich zuwendet, wenn genug Zeit und Geld übrig ist, oder sie sind Krisenthemen, an die man rangeht, wenn Überlastung und Missmut so groß geworden sind, dass sie zum Handeln zwingen. Beides ist fatal.

Gesundheit und Wohlbefinden sind der Angelpunkt, ohne den wir heute keine Freude und morgen keinen Erfolg mehr haben werden.

Wenn Erfolg die Chance auf gute Nachhaltigkeit bekommen soll, dann braucht das Projekt zum Erfolg die ständige Begleitung des aktiven Sich-Kümmerns um Gesundheit, Wohlergehen und Balance.

Auf das eigene Wohlbefinden zu achten, ist also eigennützig und uneigennützig zugleich. Ich tue etwas für mich und ich tue etwas für gute Bedingungen einer guten Performance.

Gesundheit ist mehr: mehr Wohlbefinden, mehr Fitness, mehr Lust, mehr Drive, mehr Erfolg.

Sowohl auf der Ebene des Einzelnen wie auf der Ebene der Organisation gilt: nachhaltiger, gesunder, lustvoller Erfolg braucht gesunde (Selbst-)Führung. Nicht nur gerade mal jetzt, sondern immer.

Gesundheit braucht Führung. Und das Umgekehrte gilt natürlich auch.

Ziel ist, dass gesunde Führung immer mehr zum Selbstverständnis wird für den Einzelnen, die Organisation und die Gesellschaft, in der wir leben.

Übersicht

Gesundheit braucht Führung. Dies ist die Kernaussage dieses Buches, das sich besonders an Menschen wendet, deren berufliches Handeln nicht nur für die eigene Gesundheit, sondern auch die von anderen hoch relevant ist: Führungskräfte, Unternehmer, Selbstständige, Gesundheitsexperten in Organisationen etc. Die Beiträge dieses Bandes beschäftigen sich aus verschiedenen Blickrichtungen mit der Frage, wie Gesundheit und Wohlbefinden für Menschen in Arbeitskontexten erfasst, stabilisiert und gesteigert werden können.

Schon die Schärfung der Wahrnehmung für gesundheitlich belastende und stärkende Faktoren hat einen wichtigen Wert: Sie stärkt das Bewusstsein für Wirkungszusammenhänge und erweitert das Repertoire eigener Handlungsmöglichkeiten. Je konsequenter man dabei gewonnene Einsichten umsetzt, umso größer die Chance, eine deutliche Steigerung von Gesundheit und Wohlbefinden zu erzielen – sei es für sich selbst, sei es für die Menschen im eigenen Arbeitsumfeld und am besten natürlich für beides.

Gesundheit ist für jeden von uns ein lebenswichtiges Thema – selbst wenn man es manchmal gar nicht bemerkt. Erst recht ist es ein wichtiges Thema für all diejenigen von uns, die in der heutigen Arbeitswelt hochqualifizierte und äußerst fordernde Tätigkeiten ausüben und dabei langfristig ›gut unterwegs‹ sein wollen. Gesundheit und Wohlbefinden bestehen nicht von allein. Wir müssen aktiv etwas dafür tun. Gesundheit braucht Führung, und Menschen, die führen, brauchen Gesundheit. Um diesen Zusammenhang und darum, was er für das Handeln im Alltag bedeutet, geht es in diesem Band.

Die einzelnen Beiträge sind unabhängig voneinander. Sie können beim Lesen mit irgendeinem Beitrag beginnen und Ihrem Interesse folgend weiterlesen. Hier eine kurze Übersicht zu Ihrer Orientierung:

Der am Beginn stehende Beitrag von Stefan Hölscher »Was kann eine Führungskraft für die Gesundheit ihrer Mitarbeiter tun?« beschreibt 13 Handlungsleitlinien, an denen sich eine Führungskraft orientieren sollte, wenn es darum geht, Gesundheit, Wohlbefinden und Balance bei Mitarbeiter/innen und bei sich selbst zu steigern bzw. zu stabilisieren. Um zu reflektieren, wie sehr Ihr eigenes Handeln dem Maßstab der dargestellten Leitlinien entspricht, bietet der Artikel auch einen Selbst-Check zu gesundem Führen an.

Der nachfolgende Beitrag von Wolfgang Reiber stellt fünf Faktoren vor, auf die es sich für Führungskräfte besonders zu achten lohnt, da sie für Mitarbeiter/innen, Teams und Organisationen wie »Ein Schutzschild gegen Stress« wirken.

Pia Gaspard beschreibt in ihrer Darstellung »Stressmanagement – Erfolg braucht Entspannung« die Unterschiede zwischen gesunden und ungesunden Stressmustern und erläutert, auf welchen Ebenen Mitarbeiter/innen und Führungskräfte Ansatzpunkte für einen guten Umgang mit Belastung und Stress haben.

Der vierte, von Stefan Hölscher verfasste Beitrag »10 plus 2 Goldene Regeln zur Steigerung von Gesundheit, Wohlbefinden und Balance« skizziert alltagsnahe Strategien, die es sich zu praktizieren lohnt, damit es erst gar nicht zu Überlastung kommt bzw. entstandene Überlastung gut wieder ausbalanciert werden kann.

In dem Artikel »Entspannungsverfahren für den Arbeitsalltag« stellen Corinna Armbrüster, Stefan Hölscher, Petra Homberg und Pia Gaspard ebenso einfache wie wirksame körperorientierte und mentale Verfahren vor, wie jeder für sich Stress im Alltag reduzieren und Entspannung und Wohlbefinden steigern kann.

Wenn einzelne Mitarbeiter/innen psychisch überlastet oder erkrankt sind: Woran kann eine Führungskraft dies möglichst frühzeitig erkennen, worauf gilt es bei der Gesprächsführung in solchen Situationen zu achten und wie können sinnvolle Unterstützungsangebote aussehen? Diese Fragen stehen im Fokus das Aufsatzes von Stefan Hölscher: »Umgang mit psychisch erkrankten Mitarbeitern: Erkennen. Ins Gespräch gehen. Helfen.«

In dem Beitrag »Psychische Belastungen systematisch erfassen und reduzieren – Analysetools für das Betriebliche Gesundheitsmanagement« analysiert Petra Homberg drei Verfahren, mit denen Organisationen sich einen Überblick über die jeweilige Belastungs- und Ressourcensituation und den sich daraus ergebenden Handlungsbedarf verschaffen können.

Im abschließenden Beitrag »Fit für den demografischen Wandel? Möglichkeiten zur Erhaltung der Leistungsfähigkeit« geht es um Einflussfaktoren auf das Leistungsverhalten insbesondere älterer Mitarbeiter. Karin Pape und Margret Beisheim beleuchten besonders die wichtige Rolle der Führungskräfte bei der Erhaltung der Leistungsfähigkeit, der Gestaltung einer wertschätzenden Unternehmenskultur und der Schaffung von altersgerechten Arbeitsplätzen und Arbeitsinhalten.

Wo immer Sie nun anfangen oder weiterlesen möchten: Wir hoffen, dass Sie dabei die eine oder andere hilfreiche Anregung finden und einfach auch etwas Spaß beim Lesen haben.

Ihr Metrion Team

Was kann eine Führungskraft für die Gesundheit ihrer Mitarbeiter tun?

13 Handlungsleitlinien

Stefan Hölscher

Für die eigene Gesundheit und das eigene Wohlbefinden ist am Ende des Tages jeder von uns selbst verantwortlich. Gleichzeitig leben wir in Umfeldern, die zum Teil erheblichen Einfluss auf unser Wohlbefinden oder unsere Belastung haben. Auch Organisationen sind solche Umfelder. Sie haben signifikante Auswirkungen auf die Gesundheit von Mitarbeitern. Wie wissenschaftliche Studien, Analysen von Mitarbeiterbefragungen, aber auch die schlichte Alltagserfahrung zeigen, haben den größten Einfluss auf Gesundheit, Belastung und Balance von Mitarbeitern sogenannte ›weiche Faktoren‹ wie die Qualität von Kommunikation, Beziehungsgestaltung, Wertschätzung und wahrgenommene Gestaltungsspielräume – alles klassische Führungsfaktoren. Die gute Nachricht, die sich daraus ergibt, ist: Etwas für die Gesunderhaltung der eigenen Mitarbeiter zu tun ist keine Aufgabe, die zu allen übrigen für die Führungskraft auch noch ›on top‹ kommt. Gutes Führen, das die weichen Aspekte wie Qualität der Kommunikation, Beziehungsgestaltung, Wertschätzung etc. genauso im Auge behält wie die härteren Aspekte, das Erreichen von Zielen, das Verfolgen von Ergebnisoptimierung, die Umsetzung von Veränderungen ist immer zugleich auch gesundes Führen.

Der andere Teil der Nachricht ist: Führen, das solche Qualitäten wohl balanciert und nachhaltig miteinander verbindet, ist alles andere als einfach geworden. In einer ökonomischen Welt, die durch den Druck immer noch weiterer Ergebnissteigerung, permanente Arbeits- und Verantwortungsverdichtung, globalen Wettbewerb, eine immer schnellere Kommunikationsgeschwindigkeit und kommunikative Erreichbarkeit gekennzeichnet ist, ist nachhaltig gesundes Führen eine erhebliche Herausforderung. Die Frage, was Führungskräfte in ihrem Alltag sinnvollerweise tun können, um zur Gesunderhaltung ihrer Mitarbeiter beizutragen, ist daher mehr als berechtigt. Es gibt wie stets bei Führungsthemen keine Patentrezepte. Beschreiben und für das eigene Handeln als Maßstab nehmen lassen sich aber einige Leitlinien, besonders die folgenden:

1. Vernünftige Rahmenbedingungen einhalten

Hier geht es um harte Bedingungen, wie gesetzliche Arbeitszeiten, Arbeitssicherheit, Arbeitnehmerrechte etc., aber auch um weiche: Wie werden Pausen praktiziert? Wie geht man mit E-Mails abends, nachts und am Wochenende um? Wie werden Veränderungsprozesse umgesetzt? Oft gibt es infolge des Reagierens auf langfristig anhaltende Druckfaktoren ein Erodieren im Einhalten sinnvoller Rahmenbedingungen. In manchen Teams arbeitet man ohne echte Pause durch; Erwartungen an Erreichbarkeit nehmen faktisch oft einen 24/7 Charakter an; Veränderungen werden nicht selten ohne systematische Beteiligung der Betroffenen durchgedrückt etc. Eine Führungskraft sollte wahrnehmen, wo der Umgang mit Rahmenbedingungen aus dem Ruder läuft, und sie sollte deutlich und konsequent gegensteuern. Wenn Rahmenbedingungen so sind, dass sie die Menschen auf Dauer krank machen, geht es nicht darum, nach Tricks zu suchen, innerhalb dieser Bedingungen doch irgendwie zu funktionieren, sondern die Aufgabe ist, etwas an den Bedingungen zu verändern.

2. Aufgaben fokussieren

Organisationseinheiten sind heutzutage notorisch einer grenzwertigen und oft auch über die Grenzen hinausgehenden Arbeitsbelastung – neudeutsch »workload« – ausgesetzt. Dies erfordert von Führungskräften systematisches und konsequentes Fokussieren: Was sind die wichtigsten Themen, denen wir uns mit großem Einsatz widmen werden? Fokussierung gelingt allerdings nur dann, wenn man zugleich auch eine Antwort auf die Frage gibt: Was werden wir weniger, schlanker, pragmatischer oder gar nicht (mehr) tun? Da dies immer auch heißt, welche Anforderungen von welchen Seiten erfüllen wir momentan nicht genauso wie erwartet, liegen hier Konfliktpotenziale und Restrisiken. Versucht man, andererseits alle Erwartungen gleich gut zu erfüllen, hat man ein anderes Risiko: das der systematischen Überforderung und Überlastung.

3. Effektivität und Effizienz steigern

Effektivität meint, die richtigen Dinge zu tun; Effizienz meint, die Dinge in der richtigen Art und Weise, d. h. vor allem in einem vernünftigen Verhältnis von Aufwand und Ergebnis zu tun. Es ist unmittelbar einleuchtend, dass Effektivität und Effizienz Faktoren sind, die Gesundheit, Wohlbefinden und Erfolg stärken können. Die Wahrnehmung, die richtigen Dinge in einer ökonomisch funktionalen Weise zu tun, gibt nicht nur ein gutes Gefühl, sondern hilft auch, unnötige Mehr-, Doppel- oder Nacharbeit und damit unnötige Belastungen zu verringern. Klar ist andererseits auch, dass man des Guten immer auch zu viel tun kann: Presst man Menschen und Organisationen über alle Belastungsgrenzen hinaus dazu, immer noch weitere »Effizienzpotenziale« zu heben, so sind die Grenzen von gesunder Vernunft zu destruktiver Unvernunft fließend. Die Aufgabe der Führungskraft ist es also, Effektivitäts- und Effizienzsteigerungen immer mit Blick auf die Konsequenzen für die Beteiligten, also insbesondere die Mitarbeiter zu verfolgen.

4. Auf Kompetenzpassung achten

Darauf zu achten, dass der Mitarbeiter und seine jeweilige Funktion möglichst gut zusammenpassen, ist eine basale Führungsaufgabe – ebenfalls die darin liegende Implikation, nötige Weiterqualifizierungen anzustoßen, zu ermöglichen und zu unterstützen. Manchmal zeigt sich trotz vielfältiger Bemühungen, dass es an der grundsätzlichen Passung fehlt: Mitarbeiter und Aufgabe harmonieren einfach nicht miteinander. Auch hier gilt es, konsequent zu sein und den bestmöglichen Weg einer Funktionsveränderung oder auch einer Trennung zu bahnen. Klar ist: Systematische Über- aber auch Unterforderung macht Menschen unglücklich und auf Dauer auch krank. In aller Regel zeigen sich im Umfeld der Person, bei der die grundsätzliche Passung mit dem jeweiligen Job nicht besteht, mit der Zeit deutlich erhöhte Spannungs-, Stress- und Überlastungsphänomene.

5. Gestaltungsspielräume schaffen

Die meisten Mitarbeiter, das zeigt die Erfahrung ebenso wie die wissenschaftliche Befundlage, wollen Gestaltungsspielraum für ihre eigene Arbeit. Dass es vielleicht 10 – 15 % der Mitarbeiter gibt, für die das nur sehr eingeschränkt gilt, ändert an diesem Tatbestand nichts. Nicht selten engen Kontrollmechanismen und administrative Anforderungen Gestaltungsspielräume in der Wahrnehmung der Mitarbeiter dramatisch ein. Die einzelne Führungskraft kann nun nicht ›das System‹ verändern. Immer aber gibt es Möglichkeiten und Ansatzpunkte durch mehr Vertrauen statt weiterer Absicherungsmaßnahmen sinnvolle Freiheitsgrade zu eröffnen. Wenn Mitarbeiter effektiv nutzbare Gestaltungsspielräume erleben, entsteht eine signifikant höhere Identifikation mit der Arbeit, ein ausgeprägteres Erleben von Sinn und Selbstwirksamkeit und damit ein deutlich höheres Wohlbefinden.

6. Orientierung und Transparenz vermitteln

Wer nicht versteht, warum etwas geschieht, was für ihn deutliche und vielleicht auch negative Auswirkungen zur Folge hat, wird sicher nicht in seiner Motivation und Kursstabilität gestärkt; vor allem dann nicht, wenn sich der Eindruck der Nichtnachvollziehbarkeit bei folgenreichen Themen häuft. Was Führungskräfte immer wieder unterschätzen, ist: Was für sie selbst klar sein mag, weil es aus ihrer eigenen Perspektive eine Evidenz besitzt oder weil sie sich einfach schon länger damit beschäftigt haben, ist damit noch lange nicht für ihre Mitarbeiter evident oder nachvollziehbar. Für Dinge, die in der Wahrnehmung der Mitarbeiter und möglicherweise auch der Führungskraft selbst signifikante und potenziell negative Auswirkungen haben, gilt es, bestmögliche Transparenz und Orientierung herzustellen. Dies ist ein entscheidender Faktor zum Thema Gesundheit. Dabei geht es um Phänomene der betrieblichen ›Großwetterlage‹ genauso wie um Entwicklungen und Veränderungen in der eigenen Einheit oder Gründe für das Handeln der Führungskraft selbst.

7. Menschen und ihre Leistungen wertschätzen

Fast alle Führungskräfte glauben von sich, wertschätzend gegenüber Mitarbeitern zu sein. In großem Kontrast dazu steht, wie wissenschaftliche Untersuchungen, aber auch Mitarbeiterbefragungen immer wieder zeigen, dass sehr viele Mitarbeiter Wertschätzung durch ihre Vorgesetzten massiv vermissen. Dabei geht es nicht um irgendwelche rhetorischen Belobigungsfloskeln. Wertschätzung erfordert eine wertschätzende innere Haltung. Und für diese Haltung braucht es Wahrnehmung für die Situation und Leistung des Mitarbeiters, und es braucht Würdigung. All das schließt Kritik natürlich nicht aus; aber es bedeutet – und zwar gleichsam als Grundhaltung – zunächst auf die spezifische Situation und die positive Leistung zu blicken. In der Theorie scheint dies allen klar. Unter dem Druck des Alltags neigen Führungskräfte aber oft dazu, sowohl die besondere Situation wie auch die besondere Leistung des Mitarbeiters zu ignorieren oder sogar pauschal abzuwerten. Der Blick geht notorisch auf das, was fehlt. Statt Würdigung kommen harsche Kritik und Forderung. Das Gefühl von Verletzung und Identifikationsverlust ist eine häufige Folge, vor allem wenn Menschen pauschale Abwertung immer wieder erleben. Eine Führungskraft, die findet, dass ihre Mitarbeiter nicht motiviert genug seien, sollte sich selbstkritisch fragen, wie sie mit Wertschätzung und Abwertung umgeht.

8. Das Positive beleuchten

Bekanntlich kann man das halbvolle oder das halbleere Glas sehen. Menschen, Teams und ganze Organisationen können in eine Dynamik kommen, in der sie immer mehr das halbleere Glas vor Augen haben. Auch Führungskräfte sind davor nicht gefeit, selbst wenn sie gleichzeitig beklagen, dass ihre Mitarbeiter immer »so negativ drauf sind«. Klar ist: Ständig das Negative zu sehen macht weder gesund noch glücklich. Was hilft, ist systematisch auf die andere Seite des Geschehens bzw. der Bewertung zu gehen: Was ist positiv an dem, was schon da ist? Was ist positiv daran, hier zu arbeiten – in dieser Funktion, in diesem Team, in dieser Organisation? Was ist mir/uns in letzter Zeit besonders gut gelungen? Welche Erfolge haben wir? Wie haben wir das geschafft? Was ist positiv an diesem Tag?

Worum es definitiv nicht geht, ist: Einwände, Sorgen, Frustrationen etc. zu ignorieren. Die Kunst besteht darin, diese Dinge wahr- und ernst zu nehmen, sie auch zu nutzen, um besser zu verstehen und Veränderungsbedarfe zu erkennen; gleichzeitig aber immer auch explizit und systematisch auf die andere Seite zu schauen: auf die Seite dessen, was positiv, schön und gelungen ist. Hierfür ist die Führungskraft Modell und wichtiger Impulsgeber.

9. Belastungssituationen wahrnehmen

Menschen sind anpassungsfähige Wesen. Der Vorteil davon ist Flexibilität: das Sich-Einstellen und Sich-Gewöhnen-Können an sich verändernde Anforderungen und Umstände. Der Nachteil ist: Man kann sich auch an Arbeits- und Lebensbedingungen gewöhnen, die für einen selbst eindeutig ungesund sind und die die Tendenz aufweisen, sich immer noch weiter zu verschlechtern. Man ist überlastet, aber gewöhnt sich daran und kommt irgendwie noch zurecht. Auch das Umfeld von überlasteten Menschen ist in dieser Weise gewöhnungsfähig: Man gewöhnt sich daran, dass der Kollege oder Mitarbeiter nervöser, gereizter, blasser, unzufriedener oder häufiger mal krank ist als früher. Diese Dynamik ist tückisch. Viele gesundheitliche Probleme, insbesondere Probleme psychischer Überlastung, werden dadurch deutlich gravierender, dass sie zu spät erkannt werden. Das Problem ist dann größer, die Auswirkungen und die Ausfallzeiten massiver. Zu den Herausforderungen von Führungskräften gehört es, Belastungen möglichst schon in einem früheren Stadium wahrzunehmen. Dazu muss man kein Arzt oder Psychologe sein. Worum es geht, ist, signifikante Unterschiede wahr- und ernst zu nehmen, z. B. dass Mitarbeiter, die früher sehr leistungsfähig, vital, freud- und humorvoll waren, immer häufiger gedrückt, gereizt und schwächer in ihrer Performance wirken; dass Arbeitszeiten immer und immer länger werden, dass Fehlerquoten bei Mitarbeitern steigen, die eigentlich sehr gewissenhaft sind etc. Solche Phänomene wahrzunehmen und als Indikatoren für gesundheitsrelevante Dynamiken zu verstehen, ist ein zentraler Schritt für einen konstruktiven Umgang mit Überlastung.

10. Hilfreiche Gespräche führen

Professionelle Kommunikation und Gesprächsführung gehören zu den Grundaufgaben von Führungskräften. Die Bereitschaft und Fähigkeit, dem anderen zuzuhören, auf ihn einzugehen, offen und emotional schwingungsfähig zu sein, Brücken zu bauen, aber auch die Bereitschaft und Fähigkeit, eigene Ziele, Positionen, Erwartungen und Sichtweisen klar zu vertreten, konsequent in der Sache zu sein und auch unangenehme Themen klar anzusprechen, gehört zu den zentralen Tugenden von Führungskommunikation. Letzten Endes trägt all dies, wenn es wirklich gelebt und nicht nur gepredigt wird, zu Gesundheit und Balance bei, so wie umgekehrt verquere – unklare, unverbindliche, herzlose, entwertende – Kommunikation ein immens belastender Faktor werden kann.

Besonders gefordert sind Führungskräfte bei Gesprächen mit Mitarbeitern in psychischen Überlastungssituationen. Aufgabe der Führungskraft ist es hier nicht, medizinische Diagnosen zu stellen oder gar die Mitarbeiter zu therapieren; Aufgabe ist es aber sehr wohl, überhaupt in ein Gespräch zu kommen, bei dem zwischen Führungskraft und Mitarbeiter ein Verständnis der Situation entsteht, das klar genug ist, um hilfreiche Maßnahmen miteinander und mithilfe zu Rate gezogener Experten (Betriebsärzte, Sozialberater, HR Berater etc.) entwickeln zu können. Da Menschen mit stärkeren psychischen Problemen in der Regel eine verzerrte Selbst- und Situationseinschätzung haben und fast immer größere Ängste mit im Spiel sind (die Angst, es nicht zu schaffen, als Versager oder Schwächling wahrgenommen zu werden, den Job zu verlieren etc.), ist hier besonderes Fingerspitzengefühl gefordert: Wahrnehmungen und Sorgen in Bezug auf den Mitarbeiter ansprechen, ohne ihn abzustempeln oder in Vorwürfe zu verfallen; Sicherheit geben, ohne die Anforderungen der Realität aus den Augen zu verlieren; Zeit zum Verdauen geben, aber miteinander am Ball bleiben etc. Führungskräfte, die in belastenden Situationen für Mitarbeiter hilfreiche Gesprächspartner sind, können nicht nur oft schlimmere Entwicklungen (Zuspitzungen der Situation, längere Ausfallzeiten etc.) verhindern; sondern sie leisten zugleich auch einen fundamentalen Beitrag zur Stärkung von Vertrauen und Zusammenarbeit in ihrem Führungsumfeld.

11. Für Ausgleich und Entlastung sorgen

Es wird immer wieder Phasen geben, die für alle Beteiligten besonders belastend sind, und es wird immer wieder Faktoren geben, die sich als besonders belastend herausstellen, z. B. bestimmte Arbeitsplatzbedingungen, Arbeitsmittel oder das Fehlen bestimmter Ressourcen. Führungskräfte können nicht zaubern; sie können insbesondere nicht Ressourcen herbeizaubern, auch wenn sie es noch so gern möchten. Aufgabe der Führungskraft ist es aber, systematisch hinzuschauen, wo bei einzelnen Mitarbeitern oder im gesamten Team starke Belastungen oder Überlastungen entstehen und dann im Rahmen des pragmatisch Möglichen alles zu versuchen, um Ausgleich und Entlastung herzustellen. In der heutigen Arbeitswelt ist die ›perfekte Balance‹ nichts, was den Arbeitsalltag prägt. Wenn Balance aber mehr und mehr zu verloren gehen droht, ist Abhilfe zu schaffen kein netter Luxus, sondern pure Notwendigkeit.

12. Fehler verzeihen

»Nobody is perfect.« Der Mensch ist ein endliches und fehlbares Wesen. Jeder von uns macht Fehler – kleinere, größere und manchmal auch ziemlich große. Ein Unterschied liegt darin, wie man mit Fehlern umgeht – mit den eigenen und denen der anderen. Was oft passiert, ist: Vorwürfe machen, anklagen, den Schuldigen suchen, beleidigt sein, grollen, in die Blockade gehen. Nichts davon ist ein Beitrag zu Gesundheit und Wohlbefinden. Man darf und sollte aus Fehlern lernen. Das schließt aber nicht aus, dass man auch in der Lage ist, sich selbst oder anderen zu verzeihen und eine Art »Reset« zu ermöglichen, auch bei größeren Fehlern und auch bei Fehlern im zwischenmenschlichen Bereich. Führungskräfte, die dafür ein gutes Modell abgeben, tragen erheblich zur konstruktiven Entkrampfung und zur Erhaltung der Gesundheit in ihrem Umfeld bei.

13. Das eigene Wohlbefinden stärken

Eine Führungskraft wird nur dann zur Gesundheit ihrer Mitarbeiter längerfristig positiv beitragen, wenn die Führungskraft auf ihre eigene Gesundheit und Balance systematisch achtet. Hierfür gibt es einen denkbar schlichten Grund: Für sich in Balance zu sein, sich wohlzufühlen und gute Energie zu haben, ist eine Grundvoraussetzung dafür, dass man auch anderen positiv, konstruktiv und hilfreich begegnet. Dies gilt besonders in schwierigen Situationen; aber es gilt eigentlich ganz generell, wann immer Begegnungen und Zusammenarbeit zwischen Menschen längerfristig laufen. Wer selbst gestresst ist, wird auch andere stressen. Wer für sich keine gute Energie hat, wird diese auch nicht bei anderen hervorrufen. So gilt: Nur wer sich selbst gut führen kann, ist überhaupt in der Lage, auch andere gut zu führen. Und nur wer auf sein eigenes Wohlbefinden und seine eigene Gesundheit systematisch achtet, ist überhaupt in der Lage, etwas für Wohlbefinden und Gesundheit seiner Mitarbeiter zu tun.

Letzten Endes sind alle genannten Punkte auch als Strategien einer Führungskraft im Umgang mit sich selbst zu verstehen: Langfristig gesund wird eine Führungskraft nur dann bleiben, wenn sie auch für sich vernünftige Rahmenbedingungen einhält (z. B. regelmäßige Pausen macht und für regelmäßige Bewegung sorgt); wenn sie für sich Aufgaben klar fokussiert und die Effektivität und Effizienz ihrer eigenen Arbeit gut weiterentwickelt; wenn sie selbst immer weiter lernt und sich weiter qualifiziert; wenn sie für sich – trotz aller bestehenden Einschränkungen – Gestaltungsspielräume schafft und nutzt; wenn sie sich um Orientierung und Transparenz auch für das eigene Handeln bemüht; wenn sie sich selbst wertschätzt und eigene Leistungen würdigt (was definitiv etwas anderes als ein narzisstisch aufgeblasenes Ich meint); wenn sie selbst das Positive, das schon da ist, fokussiert, aber auch eigene Belastungen wahr- und ernst nimmt; wenn sie in der Lage ist, sowohl im inneren Dialog hilfreich zu reflektieren als auch sich im Gespräch mit anderen Hilfe zu holen; wenn sie auch für sich immer wieder für Ausgleich und Entlastung sorgt und wenn sie es vermag, auch sich selbst zu verzeihen für suboptimales eigenes Verhalten, Fehler und sich immer mal wieder zeigende eigene Schwächen.

Was eine Führungskraft in sinnvollem Maße für die eigene Balance und die eigene Gesundheit tut, kommt natürlich zunächst ihr selbst, dann aber immer auch ihrem Umfeld, Mitarbeitern, Kollegen, Chefs, Kunden etc. zugute. Auf den Punkt bringt dies der etwas paradox erscheinende Begriff des ›altruistischen Egoismus‹: Ich tue etwas Gutes für mich und tue damit zugleich etwas Gutes für andere. In gewisser Weise ist dies die Basis für gesundes Führen.

Handlungsleitlinien für gesunde Führung

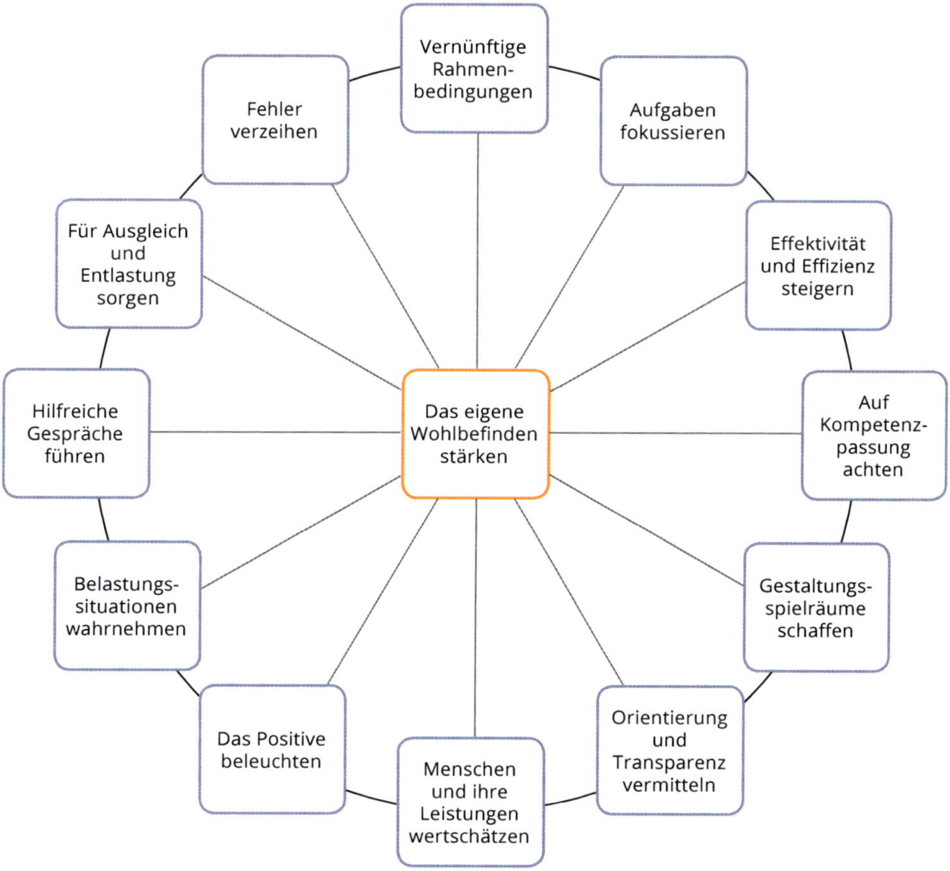

Literaturverzeichnis

BKK (Hrsg.), 2011: Psychisch krank im Job. Was tun? Erschienen als Schrift des BKK Bundesverbands, Essen

Frank, G., 2001: Gesundheitscheck für Führungskräfte. Campus Verlag, Frankfurt a.M.

Hölscher, S., 2012: Organisationale Fitness. Grundfaktoren für gesunden Erfolg von Organisationen und Mitarbeitern. Erschienen als E-Book unter www.active-books.de im Junfermann Verlag, Paderborn

Hölscher, S., 2011: Verborgene Gefahren – Eine Orientierungshilfe für den Umgang mit gesundheitsbelastenden Eisbergthemen. Erschienen als Skript der Metrion Management Consulting, Frankfurt a.M.

Kromm, W. & Frank, G. (Hrsg.), 2009: Unternehmensressource Gesundheit. Weshalb die Folgen schlechter Führung kein Arzt heilen kann. Symposion Verlag, Düsseldorf

Matyssek, A.K., 2010: Führung und Gesundheit. Ein praktischer Ratgeber zur Förderung der psychosozialen Gesundheit im Betrieb. Books on Demand, Norderstedt

Uhle, T. & Treier, M., 2010: Betriebliches Gesundheitsmanagement. Gesundheitsförderung in der Arbeitswelt – Mitarbeiter einbinden, Prozesse gestalten, Erfolge messen. Springer Verlag, Heidelberg

Selbst-Check: Gesund Führen

© Dr. Stefan Hölscher

Bitte geben Sie zu jeder der nachfolgenden Aussagen eine realistische Einschätzung, wie sehr diese Aussage auf der Bewertungsskala 1 – 4 für Ihr gegenwärtiges Handeln als Führungskraft zutrifft. Schreiben Sie den entsprechenden Zahlenwert bitte in die Klammer.

Die Aussage trifft auf mich zu:

1	2	3	4
gar nicht	**weniger**	**eher ja**	**voll und ganz**

1. ( )	Ich achte, soweit ich darauf Einflussmöglichkeiten habe, konsequent auf die Einhaltung und Verbesserung vernünftiger Rahmenbedingungen für unsere Arbeit und unser Wohlbefinden.
2. ( )	Ich sorge dafür, dass wir in Bezug auf belastende Arbeitsfaktoren, wie z. B. Kapazitätsengpässe, Umgang mit E-Mails, dazwischenkommende Anrufe, etc., gemeinsam Lösungen finden, die sowohl unseren Ergebniszielen als auch dem Wohlbefinden der Mitarbeiter/innen gerecht werden.
3. ( )	Wenn zusätzliche Aufgaben für die Mitarbeiter/innen in meinem Führungsbereich kapazitätsmäßig nicht mehr zu schaffen sind, gelingt es mir gut, auch mal »Nein« zu sagen oder andere Aufgaben dafür abzugeben.
4. ( )	Ich sorge dafür, dass in meinem Führungsbereich regelmäßig und konsequent der Frage nachgegangen wird, welche Aufgaben nicht mehr gemacht werden müssen oder schlanker gemacht bzw. an andere abgegeben werden können.
5. ( )	Effizienz optimiere ich in meinem Verantwortungsbereich immer wieder, wobei ich zugleich beachte, dass Effizienz nicht der Maßstab aller Dinge ist – auch nicht im Arbeitsleben.

6. ( )	Ich achte konsequent und nachhaltig darauf, dass wir das, was wirklich wichtig ist, gemeinsam klar erkennen und so gut wie möglich ins Zentrum unserer Arbeit rücken.
7. ( )	Ich kümmere mich intensiv um die Entwicklung meiner Mitarbeiter/innen und stehe ihnen für Entwicklungsthemen auch als Sparringspartner immer wieder zur Verfügung.
8. ( )	Wenn sich bedingt durch grundsätzliche Kompetenz- und/oder Motivationsdefizite zeigt, dass Mitarbeiter/in und Aufgabe nicht richtig zusammenpassen, so gehe ich ein solches Thema, auch wenn es schwierig und konflikthaft wird, konsequent und systematisch an.
9. ( )	Ich habe in hohem Maß Vertrauen in die Kompetenz und das Engagement meiner Mitarbeiter/innen.
10. ( )	Ich achte darauf, dass meine Mitarbeiter/innen bezogen auf den Stand ihrer Kompetenzentwicklung und die jeweiligen Rahmenbedingungen, für ihre Aufgaben die größtmöglichen Gestaltungsspielräume haben.
11. ( )	Ich sorge durch intensive, explizite und kontinuierliche Kommunikation für Transparenz in Bezug auf Ziele, Rahmenbedingungen, Erfolgskriterien unserer Arbeit sowie Gründe meiner Entscheidungen.
12. ( )	Ich tue sehr viel dafür, dass wir Aufgaben, Anforderungen und Veränderungen, mit denen wir es zu tun haben, so wahrnehmen und gestalten, dass wir sie als sinnvoll erleben, gerade auch dann, wenn ein Sinn für uns (zunächst) nur schwer zu finden ist.
13. ( )	Ich nehme die Leistungen und Fähigkeiten meiner Mitarbeiter/innen deutlich wahr und würdige sie. Dies würden auch meine Mitarbeiter/innen über mich sagen.
14. ( )	Ich fördere systematisch die Entwicklung bzw. Stabilisierung einer konstruktiven und hilfreichen Feedbackkultur in meinem Verantwortungsbereich und achte selbst gezielt darauf, konstruktives und hilfreiches Feedback auch in schwierigen Situationen zu geben.

15. ( )	Es ist für mich natürlich, das Positive in unserer Arbeit, den Arbeitsbedingungen, dem Engagement, dem Miteinander etc. deutlich wahrzunehmen und mit Freude anzusprechen. Dies tue ich auch im Alltag immer wieder.
16. ( )	Ich finde, dass wir als Team in vielerlei Hinsicht eine starke und anerkennenswerte Leistung bringen.
17. ( )	Ich gehe immer wieder in direkten und intensiven Kontakt mit meinen Mitarbeiter/innen und achte sehr darauf, dass ich, wenn jemand ein Anliegen an mich hat, schnell ansprechbar bin.
18. ( )	Ich nehme die Situation meiner Mitarbeiter/innen individuell wahr: Wie es ihnen geht, wie sie mit ihrer Arbeit klarkommen, welche Veränderungen sich eventuell bei ihnen zeigen. Dafür schenke ich auch non-verbalen Signalen Aufmerksamkeit.
19. ( )	In Gesprächen mit Mitarbeiter/innen gelingt es mir – auch in kritischen Situationen – sowohl meine eigenen Ziele, Erwartungen und Sichtweisen klar anzusprechen, als auch meinem Gesprächspartner intensiv zuzuhören, auf ihn einzugehen, offen zu sein und bei konträren Sichtweisen tragfähige Brücken zu bauen.
20. ( )	Ich achte sowohl bei einzelnen Mitarbeiter/innen als auch beim Team insgesamt darauf, dass nach einer längeren Phase ausgeprägter Belastung ein sinnvoller Ausgleich für die Betroffenen erfolgt.
21. ( )	Ich sorge dafür, dass wir immer wieder auch kleine Hebel nutzen, um Belastung zu reduzieren.
22. ( )	Auch bei einem Mitarbeiter/einer Mitarbeiterin, der/die sich in einer persönlich schwierigen Situation, zum Beispiel einer psychischen Überlastung befindet, gelingt es mir meistens gut, einen konstruktiven Zugang zu finden. Dafür investiere ich bewusst Zeit und Energie.
23. ( )	Ich sorge dafür, dass wir Fehler als Lernchancen nutzen, statt in Angriffs-/Rechtfertigungs- oder Verschleierungsspiele hineinzurutschen.

24. ( )	Ich kann dem, der einen Fehler gemacht hat – ein anderer oder auch ich selbst – gut verzeihen, wenn derjenige, der den Fehler begangen hat, klar dazu steht. Dies lebe ich auch vor.
25. ( )	Ich weiß genau, dass ich langfristig nur dann gesund und erfolgreich führen kann, wenn ich mit mir selbst gut umgehe. Daher achte ich bewusst auf mich: meine Energie, mein Wohlbefinden, meine Balance.
26. ( )	Meine körperlichen und emotionalen Empfindungen nutze ich als wichtige Informationsquelle dafür, wie es mir jeweils geht und was ich brauche, um ›gut unterwegs zu sein‹.
27. ( )	Ich sorge konsequent dafür, dass es auch im Alltag Momente gibt, in denen meine persönlichen Bedürfnisse Vorfahrt bekommen und ich etwas tue, das mir guttut.
28. ( )	Ich gehe regelmäßig Aktivitäten nach, die mich so intensiv und positiv involvieren, dass dabei meistens Themen, Probleme, Sorgen aus dem Arbeitsumfeld ganz in den Hintergrund treten.
29. ( )	Ich bin in der Lage, ausgeprägten Genuss zu erleben und tue es auch immer wieder.
30. ( )	Ich habe in meinem Privat- und Arbeitsumfeld zu anderen Menschen stabile Beziehungen, die mir Kraft und in schwierigen Phasen gute Unterstützung geben.

Auswertung:

Bitte tragen Sie für jede Handlungsleitlinie die Summen der Zahlenwerte zu den von Ihnen angegebenen Einschätzungen zu den jeweiligen Aussagen in die freien Kästchen unten ein. Bilden Sie danach bitte die Gesamtsumme aus allen Einzelsummen und tragen Sie den Wert für jede Handlungsleitlinie unten rechts ein.

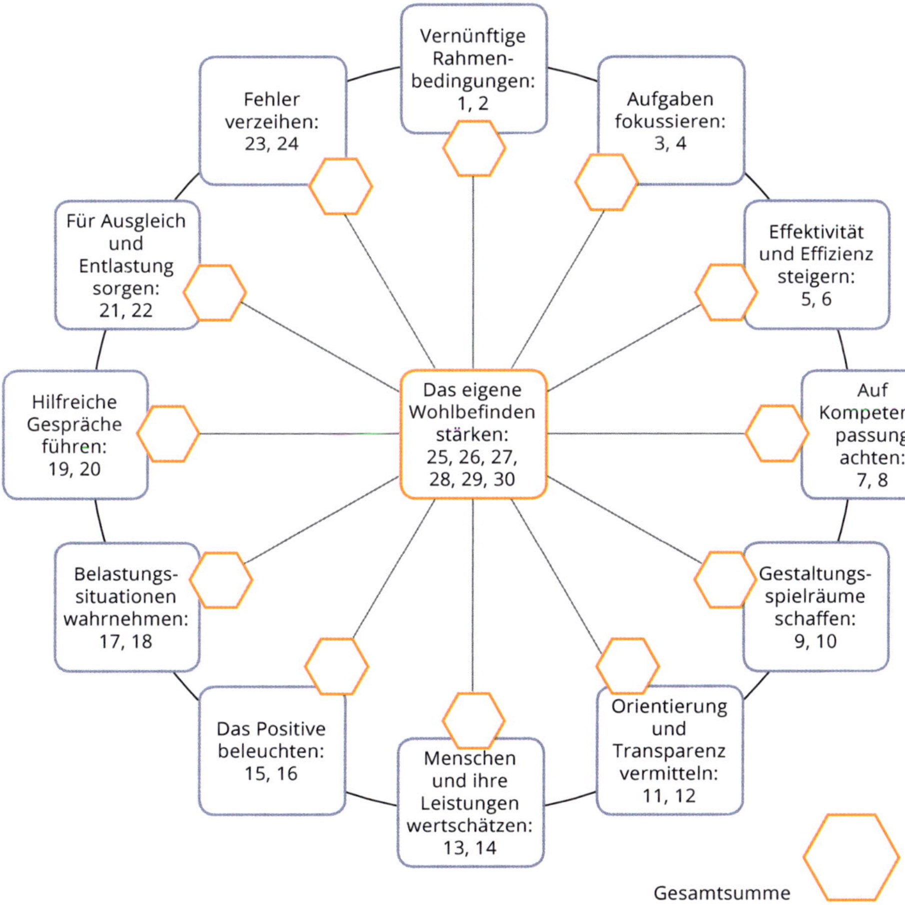

Ergebnisse:

90 – 120 Punkte

Ihr Handeln als Führungskraft orientiert sich insgesamt schon sehr ausgeprägt an den Handlungsleitlinien für Gesundes Führen. Dies kommt sowohl Ihren Mitarbeiter/innen, als auch Ihnen selbst und Ihrer Organisation zugute. Dass Erfolg und Zielerreichung einerseits und Wohlbefinden und Balance andererseits nicht nur keine Gegensätze sind, sondern, vor allem auch unter einer längerfristigen Perspektive eng zusammengehören, scheint in Ihrem Rollen- und

Selbstverständnis als Führungskraft fest verankert zu sein. Schauen Sie, auch wenn vieles offenbar schon sehr gut läuft, trotzdem genau auf die Themenfelder, bei denen Sie eine geringere Punktzahl haben, um hier bewusst nachzusteuern.

60 – 89 Punkte
Ihr Handeln zeigt bezogen auf die Handlungsleitlinien für Gesundes Führen ein gemischtes Bild: Manche der Leitlinien sind in ihrem Handeln im Führungsalltag offenbar gut verankert, in Bezug auf andere ergibt sich deutlicher Bedarf. Das heißt auch, dass Wohlbefinden und Balance Ihrer Mitarbeiter/innen und vielleicht auch von Ihnen selbst auf wackligeren Füßen stehen. Hieraus können vor allem längerfristig Gesundheits-, aber auch Ergebnisprobleme resultieren. Bitte schauen Sie sich sowohl die Themenfelder an, bei denen Sie eine höhere Punktzahl erreicht haben, um diese zu stabilisieren, als auch die Themenfelder mit einer geringeren Punktzahl. Hier lohnt es sich – vielleicht auch zusammen mit einem Sparringspartner – zu reflektieren, was es Ihnen zumindest gegenwärtig schwerer macht, diese Dinge mit Leben zu füllen und was Ihnen umgekehrt helfen könnte, noch besser auf Kurs zu kommen.

30 – 59 Punkte
Ihr alltägliches Handeln weicht insgesamt stark vom Maßstab Gesunden Führens ab. Gesundheit, Wohlbefinden und Balance in Ihrem Führungsbereich – bei Ihren Mitarbeiter/innen und/oder bei Ihnen selbst – sind als kritisch einzuschätzen. Möglicherweise zeigen sich bereits größere Probleme, z. B. durch ausgeprägte Stress- und Überlastungsreaktionen. Zumindest besteht aber ein deutliches Risikopotenzial. Sie sollten sich diesen Themen gezielt zuwenden. Möglicherweise ist es hilfreich, wenn Sie sich dafür professionelle Sparringspartner suchen, die Sie gut und vertrauensvoll unterstützen können, z. B. Kolleginnen/Kollegen aus dem Personalbereich, dem betriebsärztlichen Dienst, der Sozialberatung oder interne bzw. externe Coaches.

Handlungs-Check: Gesund Führen

Bitte gehen Sie mit Blick auf Ihren Führungsbereich die dargestellten Handlungsleitlinien durch, verbunden mit der Frage, was davon in Ihrem Führungsbereich schon gut verankert ist und wo es Sinn macht, nachzusteuern.

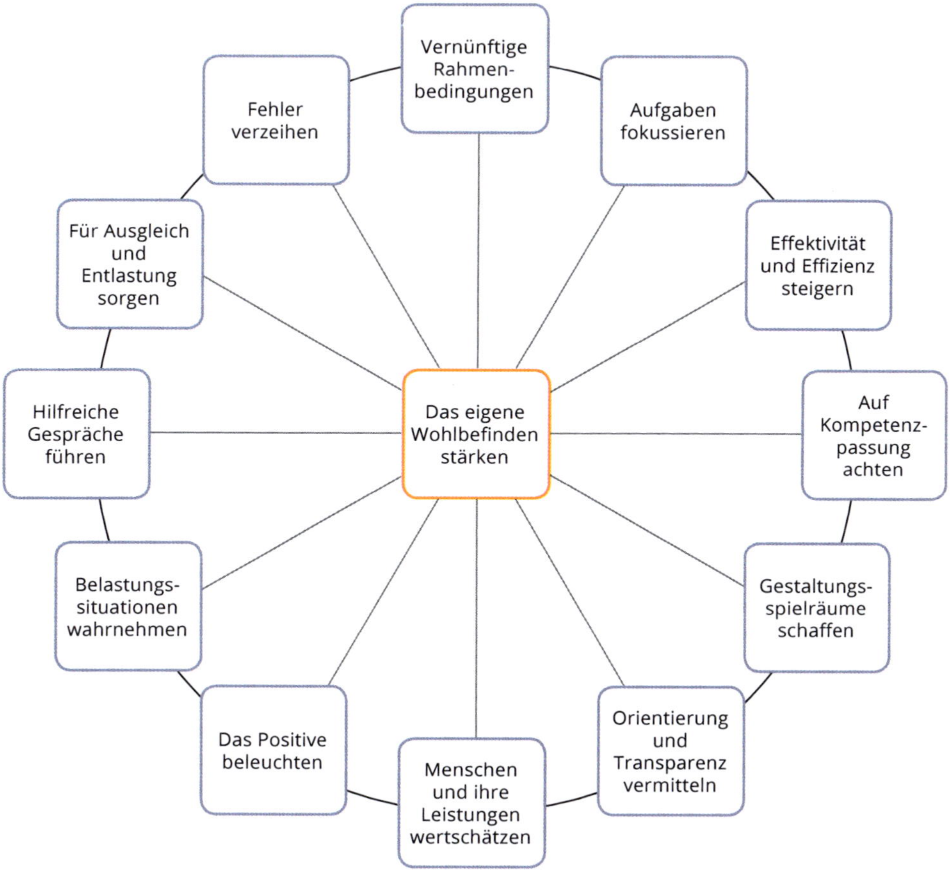

Das gelingt uns momentan gut

Bitte benennen Sie zwei Leitlinien, bei denen Ihr Eindruck ist, dass Sie damit gegenwärtig gut ›unterwegs‹ sind. Bitte notieren Sie auch, an welchen Indikatoren Sie Ihre Einschätzung festmachen und was Sie zur weiteren Stabilisierung machen möchten:

Leitlinie:

Indikatoren:

Zur Stabilisierung:

Leitlinie:

Indikatoren:

Zur Stabilisierung:

Da sollten wir nachlegen

Bitte benennen Sie zwei Leitlinien, bei denen Ihrem Eindruck nach in Ihrem Führungsbereich gegenwärtig nicht alles ›rund läuft‹. Bitte skizzieren Sie, worin Sie in dem Zusammenhang jeweils das Ziel sehen, welche Maßnahmen Sie zur Zielerreichung für geeignet halten und was für Ihr eigenes Vorgehen geeignete nächste Schritte sein sollten:

Leitlinie:

Ziel:

Maßnahmen:

Nächste Schritte:

Leitlinie:

Ziel:

Maßnahmen:

Nächste Schritte:

Ein Schutzschild gegen Stress

Wolfgang Reiber

Stress ist nicht gleich Stress

Im Juni 2013 traten, wie schon im August 2002, mehrere Flüsse nach heftigen Regenfällen über ihre Ufer. Es handelte sich in beiden Fällen um Katastrophen, die Menschenleben kosteten, Existenzen zerstörten, die Umwelt stark belasteten und jeweils Schäden im zweistelligen Milliardenbereich verursachten. Vom Umgang mit den Katastrophen ist allerdings Vieles in guter Erinnerung geblieben, insbesondere die Solidarität unter teilweise völlig fremden Menschen und das ungewöhnlich große Gemeinschaftsgefühl. Tausende von Helfern machten sich 2002 wie 2013 teilweise von weit her auf den Weg. Einwohner, professionelle und nichtprofessionelle freiwillige Helfer arbeiteten Hand in Hand. Folien mussten gelegt, Sandsäcke gefüllt und aufeinander gestapelt werden, um Deiche abzudichten, zu stärken oder provisorisch zu erhöhen. Eile war geboten, die Arbeit verlangte vollen körperlichen Einsatz bis zur Erschöpfung und noch darüber hinaus. Psychisch waren die Menschen ebenfalls stark gefordert. Manches sah zunächst ziemlich aussichtslos aus, und natürlich funktionierte nicht alles wie gewünscht. Doch die allermeisten hielten durch. Das solidarische Klima und die außergewöhnlichen Umstände halfen, die letzten Kraftreserven zu mobilisieren. Die meisten kehrten mit dem guten Gefühl zurück, etwas Wichtiges und Wertvolles geleistet zu haben.

Im August 2010 hatte ich erstmals Kontakt zu einer Entwicklungsabteilung in einem großen international operierenden Konzern. Der von außen herangetragene Druck war enorm. Der Markt für die in diesem Bereich entwickelten Produkte schrumpfte und die im Wettbewerb stehenden Unternehmen kämpften um jeden kleinen Auftrag. In dieser Situation hatten die Kunden alle Möglichkeiten, die Wettbewerber untereinander auszuspielen, um maximale

Zugeständnisse bei Preisen, Flexibilität und Serviceleistungen zu erhalten. Ständig wechselten in kurzer Folge die Anforderungen an die Produkte, so dass die Lasten- und Pflichtenhefte immer wieder umgeschrieben werden mussten. Für die Mitarbeiter bedeutete das großen Stress. Nichtsdestotrotz sorgte der Leiter der Abteilung für zusätzliche Belastungen seiner Mitarbeiter, so, als ob der Stress von außen noch nicht groß genug wäre. Er fügte dem unvermeidbaren Stress noch eine große Portion selbst gemachten hinzu, indem er zum Beispiel einen Wettbewerb zwischen Projekten entfachte und dem Verlierer unangenehme Konsequenzen in Aussicht stellte. Überhaupt hielt er sehr wenig von Teamwork und tat alles, um seine Mannschaft zu spalten. »Wettbewerb belebt das Geschäft« hieß eine seiner Maximen. Anerkennung gab es keine, selbst wenn Mitarbeiter wieder einmal eigentlich Unmögliches möglich gemacht haben. Stattdessen kritisierte er sie und wertete die Mitarbeiter in Besprechungen und bei anderen Gelegenheiten regelmäßig ab (»Mit eurer Einstellung lässt sich kein Krieg gewinnen«). Er informierte nur gelegentlich und oft nur bruchstückhaft über die allgemeine »Großwetterlage«. Vorgaben und Anweisungen von gestern spielten heute keine Rolle mehr, sein Verhalten war wie seine Laune unberechenbar. Als Reaktion darauf gingen vor allem die Besseren, die eine Alternative finden konnten, weg. Andere, die diese Möglichkeit nicht fanden, wurden überwiegend gleichgültig oder apathisch. Ihre Motivation sank. Einige versuchten allerdings nach wie vor, ihr Bestes zu geben. Sie kämpften und rackerten und wollten nicht akzeptieren, dass sie ihre hohen Ziele verfehlen würden. Erfolgserlebnisse, gemessen an den Maßstäben des Chefs, blieben dennoch weitestgehend aus. Vor allem aus dieser Gruppe wurden Mitarbeiter krank. Burnout, Hörsturz, Störungen des Herz-/Kreislaufsystems – so hießen die häufigsten Diagnosen. Erst Monate später, als ein neuer Vorgesetzter mit einem ganz anderen Führungsverständnis die Abteilung übernahm, besserte sich die Situation. Die Belastung der Mitarbeiter blieb hoch, aber sie verringerte sich um den unnötigen Teil, und die Mitarbeiter vertrugen Belastungen viel besser. Die Mitarbeiterzufriedenheit, ihre Kreativität und ihre Leistung stiegen signifikant an.

Beide Beispiele beschreiben Extremsituationen. Sogenannte Jahrhundertfluten gibt es zum Glück immer noch selten, und Vorgesetzte wie der oben beschriebene sind natürlich auch nicht die Regel. Die Beispiele zeigen aber, dass Menschen hohe Anforderungen und größte Belastungen in unterschiedlichen Situationen ganz unterschiedlich verkraften. Die Umfeldbedingungen spielen dafür eine entscheidende Rolle, genauer: wie sie wahrgenommen, erlebt und bewertet werden. Das wiederum hängt von den individuellen Einstellungen bzw. Bewertungssystemen ab, die gleichzeitig wichtig sind für die Frage, wie viel Stress empfunden und wie er verarbeitet wird. Und natürlich gibt es Wechselbeziehungen. Umfeldbedingungen beeinflussen die persönlichen Einstellungen und Bewertungssysteme, und Handlungen, die auf persönlichen Einschätzungen, Einstellungen und Bewertungssystemen beruhen, können Umfeldbedingungen verändern.

Stress ist kein objektives Phänomen. Eine bestimmte Situation kann von manchen Menschen als sehr belastend und überfordernd erlebt werden, von anderen dagegen als sportliche Herausforderung, deren Bewältigung anstrengend ist, aber Befriedigung verschafft und sogar Spaß machen kann. Menschen, die geradezu stressresistent erscheinen, haben in ihrem Leben wichtige positive Erfahrungen gemacht, sie haben aus negativen Erfahrungen gelernt und die richtigen Schlussfolgerungen daraus gezogen, und meistens verfügen sie zusätzlich über eine günstige körperliche Konstitution. Zum Glück bedeutet das für all die anderen keineswegs, dass sie bei hohen Belastungen unvermeidbar in starken negativen Stress geraten müssen. Wissenschaftliche Untersuchungen und viele praktische Erfahrungen zeigen, dass die Grenze, ab der Stress individuell schwer aushaltbar und schädlich wird, deutlich nach hinten verschoben werden kann. Voraussetzung ist, dass die betroffenen Menschen die jeweilige Situation einigermaßen gut verstehen können, dass sie aufgrund ihrer Einschätzungen Gefühle von Sinnhaftigkeit, von Machbarkeit und von Selbstwirksamkeit entwickeln und dass sie sozialen Rückhalt spüren.

In vielen Veranstaltungen und Coachingsitzungen habe ich die Erfahrung gemacht, dass es insbesondere diese Punkte sind, die jeweils für sich und in ihrer Wechselwirkung vor übermäßigem Stress schützen können. Das Bild eines fünfeckigen Schutzschildes soll dies symbolisieren:

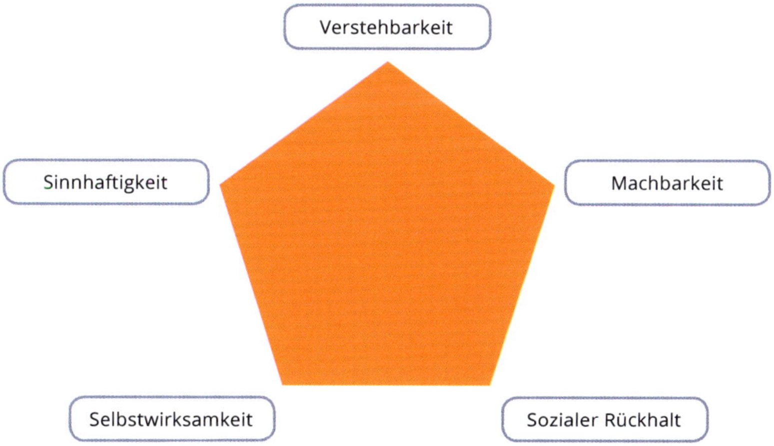

Die fünf Eckpunkte stehen in Wechselwirkung miteinander, sie beeinflussen und verstärken sich gegenseitig. Führungskräfte können auf alle Eckpunkte positiv oder negativ einwirken und damit Umfeldbedingungen herstellen, die ihre Mitarbeiter kräftigen oder zusätzlich belasten. Bei dem negativen Beispiel der Entwicklungsabteilung führte die sprunghafte und unvollständige Information zu einem Mangel an Verstehbarkeit, die ständigen Änderungen bei den Kundenanforderungen ließen Sinnfragen aufkommen, die noch höheren Anforderungen des Abteilungsleiters riefen zusätzliche Zweifel im Hinblick auf die Machbarkeit hervor, Abwertungen machten es schwerer, an Selbstwirksamkeit zu glauben, und die Spaltungsversuche des Vorgesetzten reduzierten den empfundenen sozialen Rückhalt.

Im Falle der Flutkatastrophe hat es einen Mangel an Situationsverständnis von vornherein nicht gegeben. Vor allem das Sinnempfinden, das Gefühl, gebraucht zu werden und der soziale Rückhalt (Solidarität) mobilisierten die Kräfte. Rasch kommunizierte Erfolgserlebnisse verstärkten diesen Effekt.

Auch in Zukunft werden die fünf Eckpunkte des »Schutzschildes gegen Stress« eine bedeutende Rolle spielen, denn die Belastungssituationen in den meisten Unternehmen und Abteilungen ist enorm und dürfte in absehbarer Zeit nicht geringer werden. Daher lohnt es sich, die Eckpunkte noch etwas genauer anzuschauen.

Eckpunkt Verstehbarkeit

Menschen können mit schwierigen Situationen deutlich besser umgehen, wenn sie die wichtigsten Gründe für deren Zustandekommen verstehen, wenn sie die Begründung für anzustrebende Ziele nachvollziehen und akzeptieren können und wenn sie zumindest ungefähr über die Wege dorthin Bescheid wissen. Wer die Ursachen für große Belastungen versteht und zumindest eine Idee darüber gewinnt, wie sie bewältigt werden können, dem geht es deshalb nicht unbedingt gut, aber vergleichsweise deutlich besser.

In der Praxis geschieht es häufig, dass der Mitarbeiter nur glaubt, richtig zu verstehen. Tatsächlich folgt er dann oft nur seinen eigenen Befürchtungen und übersieht oder missinterpretiert die verfügbaren Informationen und Fakten. Was wir glauben zu verstehen, hängt stark von unserer Stimmung ab. Sie lenkt maßgeblich unsere Aufmerksamkeit, unsere Interpretationen, unsere Situationsbewertungen, unsere Schlussfolgerungen und unser Handeln. Wir missverstehen viel häufiger, als es uns bewusst ist und urteilen einseitiger, als wir es wahrhaben wollen. Es ist deshalb keineswegs selbstverständlich, dass Vorgesetzte so verstanden werden, wie sie verstanden werden wollen. Das gilt ganz besonders in angespannten Situationen.

Normalerweise bewegen wir uns auf den uns gewohnten Bahnen des Wahrnehmens, Erklärens und Bewertens. Unsere Sinne können nur wenige der prinzipiell verfügbaren Informationen aus unserer Außenwelt aufnehmen und verarbeiten. Weil unser »Arbeitsspeicher« im Gehirn klein ist, müssen wir uns auf Ausschnitte beschränken. In erster Linie erkennen wir das, was uns schon bekannt ist und was wir erwarten. Wenn wir allerdings ein starkes Bedürfnis spüren, wird unsere Aufmerksamkeit sehr stark davon mitbestimmt. Wenn wir zum Beispiel sehr lange im Auto gesessen haben und einen kräftigen Hunger spüren, fällt uns ein Plakat an der Ecke, das für einen neu eröffneten Schnellimbiss wirbt, sehr viel stärker auf, als wenn wir gerade von einem opulenten Mittagessen kommen.

In angespannten Situationen meldet sich das Bedürfnis nach Sicherheit und nach Verstehen-Wollen. Dieses Bedürfnis ist ein Hauptgrund dafür, dass sich Gerüchte bilden und oft auch sehr hartnäckig halten. Sie ersetzen Informationen, wenn diese nicht verfügbar sind oder für nicht glaubwürdig gehalten werden. Belege für die Richtigkeit der in Umlauf gebrachten Gerüchte lassen sich normalerweise leicht finden.

Zum Beispiel kann die Befürchtung, dass die eigene Niederlassung bald geschlossen werden könnte, unter Umständen dazu führen, dass die Worte der verantwortlichen Führungskräfte auf die Goldwaage gelegt und deshalb, fast egal was sie sagen, immer wieder falsch verstanden werden. Befürchtungen spüren die meisten Menschen stärker als Hoffnung. Und eine schlechte Gewissheit ist oft leichter auszuhalten als völlige Ungewissheit, auch wenn die Hoffnung untergründig weiterleben mag. Was wir wahrnehmen oder wahrzunehmen glauben, stellen wir automatisch in einen Sinnzusammenhang (etwa: »Wenn unser Vorstand sagt, wir müssen sparen, heißt das garantiert, dass die Aktionäre unzufrieden sind und dadurch Arbeitsplätze gefährdet sind.«). Dabei handelt es sich in der Regel nicht um bewusste und logische Denkvorgänge, sondern um unterhalb der Bewusstseinsschwelle erfolgende Interpretationen.

Von Daniel Kahnemann, Sozialpsychologe und Nobelpreisträger von 2002, stammt die Formel »WYSIATI«: (»What you see is all there is«). Einzelne, zunächst unzusammenhängende Informationen lösen bei uns Assoziationen aus, die die Bausteine bilden für die Konstruktion einer einfachen, aber kohärenten und in unseren Augen plausiblen Geschichte. Dabei spielen Menge und Qualität der Informationen keine Rolle. Durch eine bewusste Denkanstrengung könnten wir die Validität der Informationen überprüfen und vielleicht erkennen, dass unsere Geschichte ziemlich unrealistisch und unwahrscheinlich ist. Sehr häufig tun wir das aber nicht. Stattdessen blenden wir – meist ohne es zu bemerken – berechtigte Zweifel aus und erfreuen uns an dem guten Gefühl: »So ist es!«

Wenn wir die Anstrengung eines genaueren Hinschauens vermeiden, sorgt unser Gefühl quasi für einen Kurzschluss und bestimmt, was wir wahrnehmen, welchen Reim wir uns darauf machen und wie wir das finden. In einem selbstreferentiellen Zirkel bestätigt sich unser anfängliches Gefühl. Wir werden immer sicherer, dass es »so ist«, und bemerken meist nicht, dass wir genau die Ostereier finden, die wir selbst vorher versteckt haben.

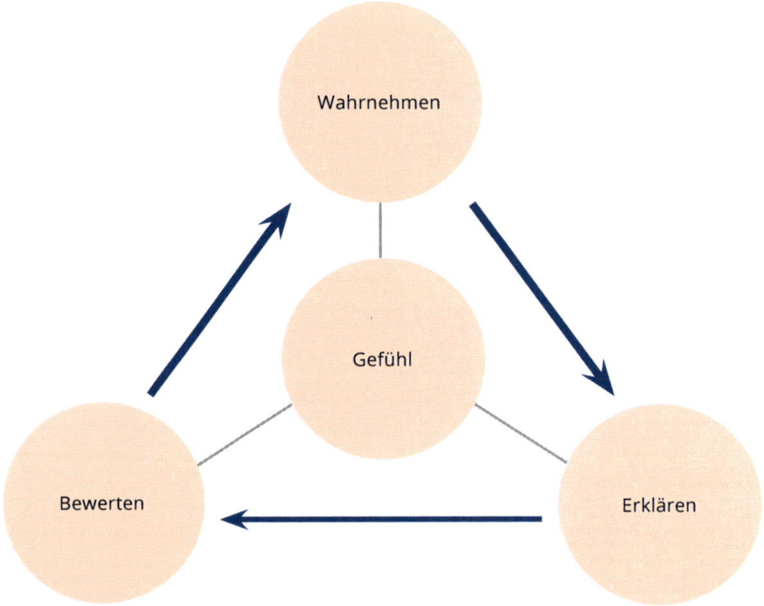

Wenn Führungskräfte »richtig« verstanden werden wollen, sollten sie deshalb für größtmögliche Transparenz sorgen und genügend viel Zeit verwenden, um ihre Mitarbeiter umfassend zu orientieren und zeitnah zu informieren. Kernbotschaften sollten sie wiederholt vermitteln, weil sonst die Gefahr besteht, dass Wichtiges in den Köpfen der Mitarbeiter ausgefiltert oder missverstanden wird. Redundanz ist insofern kein Mangel sondern ein Erfolgsfaktor. Einfluss auf die Erklärungsmodelle ihrer Mitarbeiter können Führungskräfte am besten über den Dialog gewinnen und so die Wahrscheinlichkeit reduzieren, dass sich negative Stimmungen in negativen Geschichten niederschlagen. Eine Voraussetzung dafür ist die persönliche Glaubwürdigkeit der Führungskräfte. Ist diese gegeben, bestehen gute Aussichten, dass die Mitarbeiter ihren Erklärungen und Begründungen Glauben schenken und sie ganz oder teilweise übernehmen.

Eckpunkt Sinnhaftigkeit

Wenn die Aufgabe, die es zu bewältigen gilt, für die Menschen Sinn macht, können sie viel Energie mobilisieren und hohe Belastungen aushalten. Es muss sich für sie lohnen! Bei den meisten kann die Erkenntnis, dass die Arbeit für andere Menschen, für die Organisation, für die Abteilung oder auch für einen selbst wirklich wichtig ist, Berge versetzen. Das wurde am Beispiel der Flutkatastrophen deutlich oder auch bei folgendem Experiment:

Gneezy und Rustchini (2000) untersuchten in einem Feldexperiment das Verhalten von Schulkindern, die ohne monetäre Belohnung für einen guten Zweck, nämlich für die Krebshilfe, sammelten. Einer Vergleichsgruppe wurde ein Bonus von einem Prozent für den gesammelten Betrag versprochen. Die Kinder dieser Gruppe sammelten um 36 % weniger als die der ersten Gruppe. Eine Erhöhung des Bonus von einem auf 10 % brachte zwar eine deutliche Erhöhung des Sammelergebnisses, jedoch blieb das Ergebnis unter dem der ersten Gruppe (Osterloh und Weibel, 2006).

Offenbar gibt es bei vielen Menschen das Bedürfnis, etwas zu tun, das einer höheren Sache dient. Diese höhere Sache kann auch das Unternehmen sein, bei dem man beschäftigt ist. Auch dazu zwei Beispiele, beide aus Sommerlatte und Fallou (2012): »Die Tätigkeit meines Unternehmens vermittelt mir einen Sinn, der umfassender ist als die Herstellung und Verteilung von Strom. Die volkswirtschaftliche Bedeutung der sicheren Stromversorgung verleiht auch mir und meiner täglichen Arbeit eine Bedeutung, die über das

Geldverdienen hinausgeht. Ich sehe mich als Gewährsmann dafür, dass Menschen und Unternehmen unseres Landes funktionieren können.« Das sagte ein Mitarbeiter eines Energieversorgers.

»Ich bin Entwickler der Talente und der Laufbahn junger vielversprechender Menschen. Ohne diese Herausforderung würde mir in meinem Berufsleben etwas Entscheidendes fehlen.« Das sagte ein Mitarbeiter einer großen Unternehmensberatung.

Das, was Menschen als sinnvoll erleben, ist individuell verwurzelt. Empfundener Sinn hat seine Ursache in der jeweiligen Lebensgeschichte und ist eng mit den persönlichen Werten und Zielen verbunden. Wenn Führungskräfte bestimmte Aktivitäten als sinnvoll bezeichnen, reden sie deshalb zunächst einmal nur von sich selbst, denn ihre Mitarbeiter müssen diesen Sinn nicht teilen. Trotzdem kann man eine Organisation als eine Sinngemeinschaft bezeichnen, weil sich die meisten Menschen mit ihrem Arbeitgeber bzw. ihrer Aufgabe identifizieren möchten. Die Bezugnahme auf bestimmte Werte und Ziele kann deshalb sehr motivierend sein, vorausgesetzt, diese Werte und Ziele werden geteilt.

Sinn kann man am besten vermitteln, wenn der größere Zusammenhang der Aufgabe deutlich wird. Dafür eignet sich vor allem das Zweiergespräch, aber auch Besprechungsrunden oder Workshops kommen dafür infrage. Entscheidend ist, dass ein Miteinander entsteht, bei dem der Vorgesetzte erklärt, welchen Sinn er in dem besprochenen Vorhaben sieht, und bei dem sich der Mitarbeiter mit seinen Wertvorstellungen und Bedürfnissen ernst genommen fühlt. Wenn das der Fall ist, wird der Mitarbeiter normalerweise bereit sein, seinem Vorgesetzten ernsthaft zuzuhören und über das von ihm Gesagte nachzudenken. Überredungsversuche, missionarischer Eifer, eine gestylte Werbe- oder PR-Aktion oder gar die Androhung negativer Sanktionen werden nicht dazu führen, dass die Mitarbeiter Sinn empfinden und dadurch Energie mobilisieren.

Eckpunkt Machbarkeit

Damit beherztes Handeln stattfindet, braucht es neben dem Verstehen und dem Gefühl von Sinnhaftigkeit das Gefühl von Machbarkeit. Wenn Menschen denken, dass eine Aufgabe so groß ist, dass sie nicht bewältigt werden kann, werden sie es normalerweise erst gar nicht ernsthaft versuchen. Ein Hochspringer zum Beispiel, dessen persönliche Bestleistung bei einer Lattenhöhe von 1,85 Metern liegt, wird durch die Vorgabe seines Trainers, beim nächsten Mal 2,10 Meter zu überspringen, wenig Motivation entwickeln. Dasselbe gilt auch umgekehrt, zum Beispiel wenn der Trainer beim nächsten Wettbewerb die Höhe von 1,70 Meter verlangt. Energieaktivierend wird eine Aufgabe dann, wenn sie eine Herausforderung, also weder eine Über- noch eine Unterforderung darstellt.

Das Gefühl von Machbarkeit erfordert eine Vorstellung darüber, wie die Herausforderung konkret bewältigt werden kann. Im Mannschaftssport nennt man das einen »Matchplan«. Am überzeugendsten ist der »Matchplan« dann, wenn die Mitarbeiter ihn auf der Grundlage von Zielsetzungen und Rahmendaten des Managements selbst entwickelt haben, unter Umständen mit dessen oder mit externer Unterstützung. In diesem Fall können sich die Mitarbeiter mit dem Vorgehen gut identifizieren; damit werden sie auch den Erfolg für wahrscheinlicher halten. Die ersten Schritte des »Matchplans« sollten dabei möglichst klar sein, die späteren Schritte können etwas undeutlicher bleiben, weil die unterwegs gesammelten Erfahrungen normalerweise ohnehin kleinere oder größere Modifikationen notwendig machen. Damit Veränderungen bei Bedarf sinnvoll eingeleitet werden können, müssen Indikatoren ausgewählt werden, die einigermaßen rechtzeitig und zuverlässig anzeigen, ob man miteinander auf dem richtigen Weg ist.

Der schönste »Matchplan« nutzt freilich gar nichts, wenn er nach Einschätzung der Mitarbeiter keinen Erfolg verspricht. Wenn es heißt, »Wird doch eh nichts!«, droht eine selbsterfüllende Prophezeiung, zum Beispiel in dieser Weise:

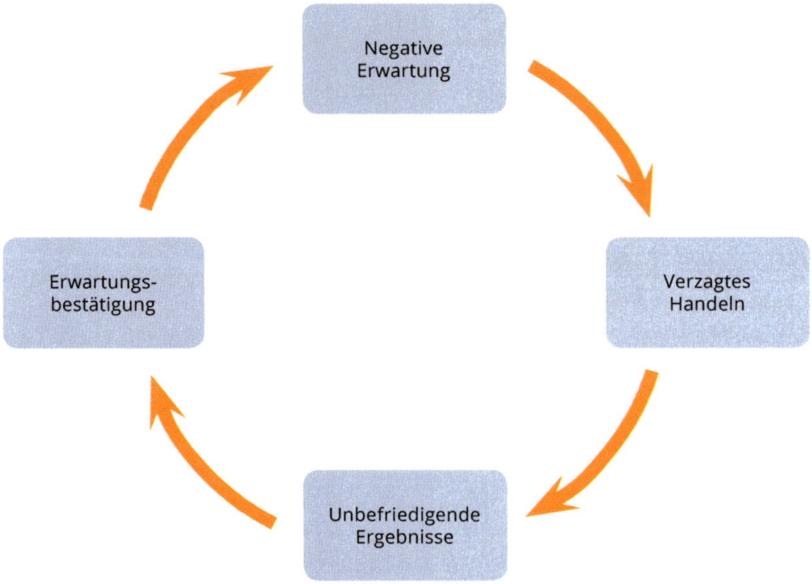

Eine negative Erwartung führt zu verzagtem Handeln (»Wird doch eh nichts«). Die Resultate fallen dementsprechend relativ dürftig aus. Verstärkt wird die Bewertung durch selektive Wahrnehmung: Mit besonderer Aufmerksamkeit werden gerade die Ergebnisse registriert, die der anfänglichen Erwartung entsprechen. Andere Ergebnisse werden entweder nicht gesehen oder heruntergespielt nach dem Motto »Zufälle gibt es immer wieder«. Die Feststellung, dass die Ergebnisse des Handelns unbefriedigend sind, ist dann keine Überraschung, sondern die Bestätigung dessen, was ohnehin schon klar war. Dadurch wird die Misserfolgserwartung bestätigt und kommt in der nächsten Runde umso wirkungsvoller ins Spiel. Der Zirkel verstärkt sich selbst.

Verzagtes Handeln als Folge der Misserfolgserwartung ist im Hinblick auf das Leistungsergebnis schlecht, es schützt jedoch davor, »auszubrennen«, weil das Treten auf dem Hamsterrad immer schwächer wird. Ausgesprochen ungesund kann die Misserfolgserwartung dann werden, wenn das anvisierte Ziel als sehr wichtig, die Zielerreichung aber als fast ausgeschlossen angesehen wird. Wer in dieser Situation einen Misserfolg gleichzeitig nicht akzeptabel findet, steckt in einer Falle, die ihn zum besinnungslosen »Hamster im Rad« werden lässt und die mittelfristig zum Burnout führen kann.

Für die Umsetzung eines »Matchplanes« ist es umgekehrt hilfreich, wenn eine selbst erfüllende Prophezeiung in die positive Richtung entsteht, etwa so:

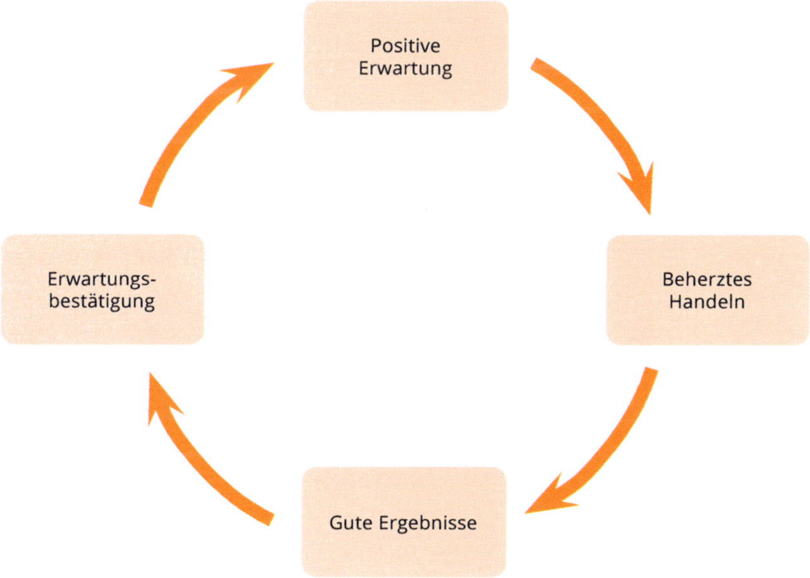

Positive Erwartungen führen zu beherztem Handeln (»Wollen wir doch mal sehen!«), was mit größerer Wahrscheinlichkeit gute Resultate bringt, die durch selektive Wahrnehmung noch verstärkt registriert werden (»Siehst Du!«), was in der Folge die anfänglichen Erwartungen bestätigt und in der nächsten Runde erneut und verstärkt zu einer positiven Erwartungshaltung führt.

Barack Obamas legendäres »Yes, we can!« ist ein Beispiel dafür. In seinen berühmt gewordenen Reden vor seiner ersten Nominierung zum Präsidentschaftskandidaten betonte er stets, dass er auf »seine« Amerikaner baut, dass er sich selbst den Job zutraut (ohne dass er dies verbal immer wieder ausdrücken musste) und dass er an einen günstigen Lauf der Dinge glaubt. Optimismus, Zutrauen in andere und Vertrauen in die eigenen Fähigkeiten sind wegen der psychischen Ansteckungseffekte außerordentlich wertvoll.

Positives Denken kann helfen, anspruchsvolle Ziele zu erreichen. Jedoch ist auch hier ein Zuviel des Guten möglich. Wer sich negatives Denken verbietet und sich weigert, auch nur die Möglichkeit schlechter Entwicklungen anzuerkennen, der blendet systematisch einen Teil der Realität aus. Er läuft dann Gefahr, unwillkommene Informationen erst dann wahrzunehmen, wenn es zu spät ist. Das Gleiche gilt, vielleicht etwas abgeschwächt, für alle Menschen, die sich sehr stark mit einer Aufgabe oder einem Projekt identifizieren. Oft geht dies einher mit übermäßigem Optimismus und vergleichbaren Filterwirkungen gegenüber irritierenden Fakten und Entwicklungen.

Aus diesen Gründen ist es gut, wenn zumindest ein Skeptiker mit im Spiel ist. Wenn dieser konstruktive Einwände macht und seine Bedenken nicht unreflektiert und aus Prinzip vor sich her trägt, werden seine Beiträge mit größerer Wahrscheinlichkeit ernst genommen und zum Vorteil des Ganzen mit bedacht. Wenn es sich um einen chronischen Nörgler handelt, ist es die manchmal nervige Aufgabe der anderen, den bedenkenswerten Kern seiner Aussagen herauszufiltern. Die Mühe könnte sich lohnen.

Ein geeigneter »Bedenkenträger« bzw. »Avocatus Diaboli« kann auch gezielt von vornherein mit eingeladen werden. Seine Aufgabe wäre es nicht, den positiven Grundton in der Arbeit umzudrehen, sondern die eventuell allzu Positiven und Optimistischen dazu zu bewegen, hin und wieder etwas inneren Abstand herzustellen, um ihre jeweilige Sicht der Dinge und die Qualität ihrer Annahmen zu überprüfen, beispielsweise durch die Betrachtung vergleichbarer Situationen in der Vergangenheit oder in anderen Organisationen.

Eckpunkt Selbstwirksamkeit

Ein grundsätzliches Situationsverständnis sowie das Gefühl von Sinnhaftigkeit und Machbarkeit sind wichtig, um individuell Kräfte freisetzen zu können und hohe Belastungen aushaltbar werden zu lassen. Hinzukommen muss der Glaube an die eigene Wirksamkeit.

Andernfalls besteht die Gefahr, dass Einzelne es vorziehen, auf dem Trittbrett mitzufahren oder, was für die Betreffenden weitaus stressreicher wäre, dass sich durch einen Vergleich mit den scheinbar viel tüchtigeren Kollegen Gefühle von Unzulänglichkeit und Minderwertigkeit ausbilden.

Das normale und alltägliche Selbstvertrauen eines Menschen basiert vor allem auf seinen Lebenserfahrungen und den Vorstellungen in Bezug auf sich selbst, die er im Laufe der Zeit entwickelt hat. Darüber hinaus spielt jedoch auch das soziale Umfeld eine wichtige Rolle. Was wird ihm zugetraut? Und wie wird er von anderen gesehen?

Den meisten Menschen hilft es, wenn sie sehen, worin ihre spezifische Rolle und ihr individueller Beitrag bestehen, was damit im Zuge des gesamten Leistungsprozesses geschieht und womit zu rechnen wäre, wenn dieser Beitrag ausfallen würde. Es geht um Transparenz des Leistungsgefüges. Weiterhin ist es für die meisten Menschen wichtig, dass sie die Dinge weitgehend auf ihre eigene Weise tun können. Fremdsteuerung bei der Aufgabenerledigung durch detaillierte Vorschriften, an deren Entstehung man selbst nicht beteiligt war, lösen Stress aus, wenn man andere Vorstellungen darüber hat, wie am besten vorzugehen ist. Wer spürt, dass er das Vertrauen seiner sozialen Umgebung besitzt und außerdem eine gewisse Autonomie, die es ihm erlaubt, die Dinge weitgehend selbst in der Hand und damit unter Kontrolle zu haben, der fühlt sich vergleichsweise sicher und kompetent – vorausgesetzt, dass er nicht grundsätzlich an seiner eigenen Leistungsfähigkeit zweifelt.

Wenn Mitarbeiter an sich selbst zweifeln, hilft oft schon die Erinnerung an frühere Erfolge oder die Betonung von individuellen Erfahrungen und Fähigkeiten. Dabei stärkt es den Mitarbeiter besonders, wenn seine Einzigartigkeit betont wird (etwa: «So, wie Du das hier machst, kann es bei uns kein Zweiter«). Natürlich wirken solche Ermutigungen nur dann, wenn der Vorgesetzte es so meint, wie er es sagt. Glaubt der Mitarbeiter nur Worthülsen zu hören, tritt unter Umständen der gegenteilige Effekt ein.

Lernprozesse sollten möglichst diskret ablaufen, wenn es darauf ankommt, Selbstvertrauen aufzubauen, denn in diesem Fall steht die Gesichtswahrung im Vordergrund. Es empfiehlt sich, ängstlichen

Mitarbeitern zunächst einfache Aufgaben zu übertragen, die sie höchstwahrscheinlich bewältigen werden, damit rasch Erfolgserlebnisse eintreten. Als Wissensvermittler sind Kollegen oft am besten geeignet, deren Wissensvorsprung nicht allzu groß ist und die dem Betreffenden im Hinblick auf Ausbildung, Tätigkeitsfeld oder sozialer Herkunft ähnlich sind.

Eckpunkt Sozialer Rückhalt

Menschen sind soziale Wesen. Unsere Einbindung in die Familie sowie in den Freundes- und Bekanntenkreis spielt eine große Rolle für unser persönliches Wohlbefinden und unser Selbstvertrauen. Im beruflichen Zusammenhang erreichen wir unsere höchste Leistungsfähigkeit dann, wenn wir uns als bedeutsamen Teil eines Teams erleben, mit dem wir uns stark identifizieren, auf das wir stolz sind und dem wir unter Umständen auch große Taten zutrauen.

Die Mitgliedschaft in einer Gruppe stärkt vor allem dann, wenn die Beziehungen gut sind und ein Klima der gegenseitigen Wertschätzung, des Respekts und des Vertrauens vorherrscht. Man vertraut dann zum Beispiel darauf, dass innerhalb der Gruppe das Verhältnis aus Geben und Nehmen mittel- bis längerfristig ausgeglichen sein wird. Auf dieser Grundlage unterstützen sich die Mitglieder wechselseitig und das »Wir-Gefühl« wächst. Jeder bringt seine Einzigartigkeit (seine individuellen Fähigkeiten, Sichtweisen, Herangehensweisen, ...) zum Wohle des Teams voll ein, lernt von anderen und lässt sich vom allgemeinen Ehrgeiz in der Gruppe sowie vom kollektiven Selbstvertrauen anstecken.

Teamspirit lässt sich natürlich nicht verordnen. Führungskräfte haben es aber in der Hand, Bedingungen herzustellen, die das Aufkommen eines positiven und energetisierenden Gruppengeistes begünstigen. Dazu gehört, dass sich das Team als Team erleben kann (wofür es zusammenkommen muss und gemeinsame Erlebnisse braucht) und als Team angesprochen und respektiert wird. Wenn Vorgesetzte die Konkurrenz untereinander übermäßig befeuern und die Mitarbeiter gegeneinander ins Spiel bringen, wachsen Stress und Einzelkämpfertum, was manche anspornen mag, die meisten aber vor allem verunsichert.

Führungskräfte sollten auf die fachliche und menschliche Zusammensetzung des Teams achten, die notwendigen Ressourcen bereitstellen und bei Bedarf Unterstützung anbieten. Das Team wird sich besonders dann als erfolgreiches Team erleben, wenn es Erfolge verbucht, die von Einzelnen in der Qualität unmöglich hätten erbracht werden können. Dafür ist ein gewisser Grad an Autonomie notwendig, den Führungskräfte gewährleisten sollten, ohne den Gesprächsfaden abreißen zu lassen. Gerade die guten und selbstbewussten Teams entwickeln mit der Zeit ein Eigenleben, das sich von ihrer ursprünglichen Zielsetzung entfernen kann.

Wenn es um grundsätzliche oder strategische Fragen geht, ist der Vorgesetzte meist selbst Teil »seines« Teams. In diesem Fall ist es wichtig, dass er sich seiner Doppelrolle bewusst ist, nämlich primär als Teamplayer mitzuwirken, der sich einordnet und weiß, dass er nicht per se die besseren Ideen und Argumente besitzt, und bedarfsweise als Vorgesetzter aufzutreten, der situativ für Orientierung sorgt, Bewertungen vornimmt oder Entscheidungen trifft. Damit sich die Verwirrung um seine Rolle in Grenzen hält, sollte er immer wieder darauf hinweisen, dass er jeweils gerade als Teammitglied oder als Vorgesetzter spricht.

Die herausgehobene Rolle des Vorgesetzten macht ihn nichtsdestotrotz automatisch zu einem positiven oder negativen Rollenmodell. Für seine Mitarbeit im Team bedeutet dies, dass seine Art der Kommunikation und des Umgangs, seine Art zu konfrontieren, seine Form der Solidarität, sein Fordern und Integrieren das allgemeine Klima stark beeinflussen wird. Es ist günstig, sich dessen bewusst zu sein, denn Führungskräfte können nicht *nicht* führen, und von ihrem Verhalten hängt das Stressempfinden ihrer Mitarbeiter stark ab.

Auf einen Blick

Das Empfinden von Stress hat vor allem mit der individuellen Beurteilung der jeweiligen Situation zu tun. Wie wir beurteilen, hängt stark von unseren Lebenserfahrungen und den daraus resultierenden Einstellungen sowie von unserer jeweiligen körperlichen und mentalen Verfassung ab. Wir werden jedoch auch stark von unserer sozialen Umgebung beeinflusst. Dabei spielt das Klima in unserer Arbeitsgruppe sowie das Verhalten der jeweiligen Führungskraft eine maßgebliche Rolle.

Lebenserfahrung und Einstellungen bestimmen ganz wesentlich mit, was wir von dem Geschehen um uns herum **wahrnehmen**, wie wir das **verstehen** und wie wir das **finden**. Wenn wir einen **Sinn** im Ganzen entdecken, an die **Machbarkeit** des Vorhabens glauben und unserer **eigenen Wirksamkeit** vertrauen, dann werden wir viel Energie für die Bewältigung der Aufgabe mobilisieren und gleichzeitig Stress besser aushalten können. Zusätzliche Kraft können wir aus dem Erleben von **sozialer Verbundenheit** schöpfen.

Auf die Aspekte Verstehbarkeit, Sinnhaftigkeit, Machbarkeit, Selbstwirksamkeit und sozialer Rückhalt im Erleben von Mitarbeitern haben Führungskräfte signifikanten Einfluss. Zusammen können diese Aspekte eine Art Schutzschild gegen Stress bilden. Allerdings wird das nur gelingen, wenn die Führungskraft selbst eine gute Erklärung für die Situation findet, wenn sie die zu bewältigende Aufgabe für sinnvoll und machbar hält, wenn sie daran glaubt, die Anforderungen ihrer eigenen Rolle meistern zu können und wenn sie selbst genügend sozialen Rückhalt spürt.

Literaturverzeichnis

Antonovski, A., 1979: Health, stress and coping. Jossey-Bass, San Francisco

Antonovski, A., 1997: Salutogenese. Zur Entmystifizierung der Gesundheit. Deutsche Gesellschaft für Verhaltenstherapie, Dgvt-Verlag, Tübingen

Gneezy, U., Rustichini, A., 2000: Pay enough or don't pay at all« in: Quarterly Journal of Economics, 115

Hölscher, S., Reiber, W., Pape, K., Loehnert-Baldermann, E., 2006: Die Kunst, gemeinsam zu handeln. Springer Verlag, Berlin Heidelberg

Osterloh, M., Weibel, A., 2006: Investition Vertrauen; Prozesse der Vertrauensentwicklung in Organisationen. Gabler, Wiesbaden

Sommerlatte, T., Fallou, J.-L., 2012: Quintessenz der Vertrauensbildung; was Sie tun müssen, um das Vertrauensklima für Innovationen und Produktivität zu stärken. Springer Verlag, Berlin Heidelberg

Kurztest: Wie gut spannen Sie einen Schutzschild gegen Stress für Ihre Mitarbeiter?

Verstehbarkeit der Umstände	**ja**	**nein**
Ich orientiere meine Mitarbeiter regelmäßig und umfassend über relevante Zusammenhänge, über wichtige Vorhaben sowie über deren Hintergründe.		
Ich stelle weitgehende Transparenz über die aktuelle Situation her und informiere meine Mitarbeiter zeitnah.		
Ich lade regelmäßig zum offenen Diskurs über unsere Abteilungssituation ein und bin offen für alle Fragen und Meinungsaussagen.		
Gefühl der Sinnhaftigkeit der Aufgabe	**ja**	**nein**
Ich vermittle den Sinn einer Aufgabe aus der Unternehmensperspektive.		
Ich verknüpfe sie für meine Mitarbeiter erkennbar mit meinen eigenen Zielen und Werten.		
Ich nehme dabei Bezug auf Ziele, Werte und Bedürfnisse meiner Mitarbeiter.		
Vertrauen in die Machbarkeit der Aufgabe	**ja**	**nein**
Ich erstelle – unter Beteiligung meiner Mitarbeiter – einen »Matchplan« zur Bewältigung komplexerer Aufgaben.		
Arbeitspakete schnüre ich so, dass sie die jeweiligen Mitarbeiter weder über- noch unterfordern.		
Ich kommuniziere glaubhaft mein Vertrauen in den Erfolg der Aktion.		

Vertrauen in die Selbstwirksamkeit	**Ja**	**nein**
Ich beteilige jeden Mitarbeiter an der Problemlösung und gewähre jedem einen angemessenen Handlungsfreiraum.		
Dabei mache ich jedem Mitarbeiter deutlich, worin sein spezifischer Beitrag besteht und welche Bedeutung er hat.		
Ich würdige jede Leistung eines Mitarbeiters und anerkenne seine persönliche Einzigartigkeit.		
Sozialer Rückhalt	**Ja**	**nein**
Ich bemühe mich um ein Klima des Miteinanders und des gegenseitigen Ansporns.		
Ich kümmere mich darum, dass jeder einen guten Platz in der Gruppe findet.		
Im Team verhalte ich mich so weit wie möglich als Teamplayer und so wenig wie nötig als Vorgesetzter.		

Auswertung:

Haben Sie pro Kategorie wenigstens zwei »ja«?
Respekt! Sie stärken Ihre Mitarbeiter und sorgen für einen guten Schutzschild gegen Stress.

Haben Sie pro Kategorie nur ein oder zweimal »ja« angegeben?
Nicht schlecht! Aber Sie könnten mehr tun.

Haben Sie in einer oder in mehreren Kategorien kein »ja« angegeben?
Achtung! Sie sollten mehr tun, um Ihre Mitarbeiter zu stärken und sie vor unnötigem Stress zu schützen.

Umgang mit psychisch erkrankten Mitarbeitern

Erkennen. Ins Gespräch gehen. Helfen

Stefan Hölscher

Psychische Überlastungen und Störungen haben dramatisch zugenommen. So hat sich die Anzahl von Arbeitsunfähigkeitstagen infolge von psychischen Erkrankungen seit 1999 in Deutschland nahezu verdoppelt. Im Jahr 2011 sind etwa 59,2 Millionen Arbeitsunfähigkeitstage allein durch psychische Erkrankungen registriert worden – eine erschreckend hohe Zahl, die neben dem Leid der Betroffenen auch immense Kosten für die Unternehmen und Krankenversicherungen mit sich bringt. Auch die Anzahl der Arbeitnehmer, die bedingt durch psychische Erkrankungen vorzeitig aus dem Berufsleben ausscheiden, hat sich in gut 10 Jahren fast verdoppelt. Betrug diese Quote im Jahr 2000 24 %, so ist sie bis 2011 auf 41 % hoch geschnellt – Tendenz: weiter steigend.

In einer von 2008 bis 2010 laufenden Studie, in der Hunderte Forscher in allen EU-Staaten sowie in der Schweiz, Norwegen und Island Datensätze, Umfragen und Belastungsindizes in Hinblick auf psychische Störungen ausgewertet haben, ergab sich, dass etwa 38 % aller Europäer einmal im Jahr an einer klinisch relevanten psychischen Erkrankung leiden – orientiert an den medizinisch geltenden Kriterien für psychische Störungen gemäß dem Diagnosesystem des ICD (International Classification of Deseases). Diese selbst für Experten unerwartet hohe Zahl bedeutet, dass mehr als jeder Dritte von uns zumindest einmal im Jahr an einer behandlungsbedürftigen psychischen Erkrankung leidet! Studien und Indikatoren in Bezug auf die Entwicklung psychischer Störungen in Ländern außerhalb Europas – vor allem in Amerika und Asien – zeigen dabei eine grundsätzlich ähnliche Situation.

Wie ist eine so massive Zunahme, fast möchte man sagen Explosion, psychischer Erkrankungen zu erklären? Sicher werden psychische Erkrankungen heutzutage von Hausärzten und Fachärzten klarer diagnostiziert als früher. Ein großer Teil psychischer Störungen wurde früher als körperliche Erkrankung falsch eingeordnet oder schlichtweg gar nicht wahrgenommen. Die bessere Diagnose bietet allerdings höchstens eine Teilerklärung. Auch dass psychische Erkrankungen heute nicht mehr ganz so stark tabuisiert werden wie früher kann nur eine partielle Erklärung darstellen, wobei sich hier bei genauerem Hinsehen in jedem Fall ein differenziertes Bild ergibt in Abhängigkeit von der individuellen Sozialisation, dem persönlichen, beruflichen und sozialen Umfeld, der Art der Störung etc.

Wie empirische Untersuchungen und Erfahrungswerte zeigen, haben auch die heutigen Arbeitsbedingungen einen Einfluss auf die Entstehung psychischer Erkrankungen. Insbesondere Faktoren wie ständiger Zeitdruck, permanente Veränderung, immer weitergehende Arbeitsverdichtung und Verantwortungszunahme spielen hier eine wichtige Rolle und markieren Unterschiede zur Arbeitssituation früherer Generationen. Insgesamt ist unser berufliches und privates Leben bewegter, schneller und flexibler geworden und hat dabei zugleich an klaren und berechenbaren Strukturen verloren – zum Beispiel dem arbeitsfreien Sonntag oder dem Feierabend ohne Zugriff in die Welt des Jobs.

Verändert haben sich insbesondere unsere Kommunikationsmöglichkeiten und -gewohnheiten: Das Phänomen ständiger Erreichbarkeit auf unterschiedlichsten Kommunikationskanälen mit gegenüber früheren Zeiten unvergleichbar schnelleren Aktions-Reaktions-Geschwindigkeiten und einer Gleichzeitigkeit unterschiedlicher Kommunikationen ist neben allen Vorteilen, die damit verbunden sind, natürlich auch ein Stress- und Belastungsfaktor. Hinzu kommt, dass die meisten Menschen – jedenfalls in den Wohlstandsgesellschaften – heutzutage deutlich höhere Erwartungen an die Qualität ihres Lebens haben als in früheren Zeiten (Selbstverwirklichung, Work-Life-Balance, Glücksstreben, Glücksanspruch etc.), woraus rasch Spannungen, Konflikte und Belastungen entstehen können, indem das als vorhanden Wahrgenommene dem subjektiv Erwarteten nicht entspricht.

Schließlich gibt es – jedenfalls in den technisch, wirtschaftlich und medizinisch hochentwickelten Gesellschaften wie Deutschland – noch einen ganz anderen handfesten Faktor für die Zunahme psychischer Erkrankungen: Mit der immer weiter steigenden Lebenserwartung kommt es zu einer Zunahme von psychischen Störungen im hohen Lebensalter, in dem insbesondere Depressionen zunehmen oder im Zusammenhang mit Erkrankungen wie Alzheimer oder Parkinson, die in etwa 50 % der Fälle ebenfalls mit Depressionen einhergehen. Allerdings gehört neben der Gruppe der Menschen mit hohem Lebensalter gerade die Gruppe der Menschen unter 25 Jahren zu denjenigen Teilen der Bevölkerung mit dem höchsten Vorkommen an psychischen Erkrankungen.

Ganz unabhängig davon, worin die Ursachen nun generell oder im Einzelfall liegen – unverkennbar in der betrieblichen Realität ist mittlerweile, dass psychische Erkrankungen massive Auswirkungen haben: auf die Befindlichkeit und längerfristig auch die Leistungsfähigkeit des erkrankten Mitarbeiters, auf die Anzahl seiner Ausfalltage, auf die Atmosphäre und Anspannung im Team, auf Chancen und Barrieren für weitere persönliche und berufliche Entwicklungen etc. Unternehmen und ihre Führungskräfte haben sich dem Thema ›Umgang mit psychischen Überlastungen und Störungen‹ daher systematisch zu stellen. Primär geht es dabei darum, Bedingungen zu schaffen, unter denen das Auftreten psychischer Überlastungen insgesamt weniger wahrscheinlich wird. Angesichts des unvermeidbaren Vorkommens psychischer Erkrankungen geht es dann aber zugleich auch darum, Warnhinweise und Indikatoren möglichst frühzeitig zu erkennen, in hilfreicher Weise mit dem Betroffenen das Gespräch zu suchen und situationsbezogen passende Lösungen zu entwickeln bzw. anzustoßen. Entscheidend ist daher zunächst, wann überhaupt Hinweise auf eine psychische Erkrankung bei einem Mitarbeiter wahrgenommen werden.

Arten psychischer Erkrankungen

Führungskräfte haben definitiv nicht die Aufgabe, medizinische Differentialdiagnosen bei ihren Mitarbeitern zu stellen. Noch viel weniger ist es die Aufgabe von Führungskräften, ihre Mitarbeiter zu therapieren. Wichtig ist jedoch, dass Führungskräfte in der Lage sind, sich verdichtende Hinweise darauf wahrzunehmen, dass einer ihrer Mitarbeiter eine psychische Erkrankung hat. Auch dafür benötigen Führungskräfte keine spezifisch medizinisch-psychologische Expertise. Es reicht, bestimmte Phänomene mit dem wachen Blick des Alltagsverstands zu bemerken. Der nächste Abschnitt über das »Erkennen von Anzeichen« wird solche Warnhinweise beleuchten. Eilige Leser können gleich zu diesem Abschnitt übergehen. Um allerdings eine grobe Orientierung zu geben, was überhaupt psychische Störungen sind, welche Arten von Störungen es mit welcher Häufigkeit gibt und wie sie sich zeigen, werden in diesem Abschnitt zunächst noch ein paar Eckpunkte zur besseren Einordnung psychischer Störungen beschrieben.

Nach der Definition des auch in Deutschland geltenden internationalen medizinischen Diagnoseklassifikationssystems ICD 10 (»International Classification of Diseases«) sind psychische Krankheiten »Störungen des Erlebens, Befindens und Verhaltens.« Für den Krankheitscharakter ist dabei maßgeblich, dass es sich um häufige, intensive und lang andauernde Normabweichungen des Erlebens und Verhaltens handelt, unter denen der Betroffene und sehr häufig auch sein Umfeld leiden.

Statistisch betrachtet, erkrankt jeder dritte Mensch im Laufe seines Lebens mindestens einmal so schwer an einem psychischen Leiden, dass er einer psychiatrischen oder psychotherapeutischen Behandlung bedarf. Psychische Erkrankungen kommen dabei bei Menschen aller Altersgruppen, bei Männern und Frauen, bei Menschen unterschiedlichster Bildungs- und Berufsgruppen, bei allein oder in Partnerschaft lebenden Menschen, bei intelligenten und weniger intelligenten, bei erfolgreichen und weniger erfolgreichen, bei wohlhabenden und weniger wohlhabenderen Menschen und bei Menschen aller Nationalitäten und Kulturen vor. Psychische Erkrankungen gehen im Allgemeinen nicht auf nur eine einzige Ursache zurück, sondern resultieren aus verschiedenen miteinander in Wechselwirkung stehenden Faktoren. Ursachen psychischer Erkrankungen sind:

- Genetische Dispositionen
- Biochemische Vorgänge (oft im Zusammenhang mit einer genetischen Disposition)
- Traumata (Erfahrungen von Gewalt und Missbrauch, Unfälle, Kriegserlebnisse etc.)
- Belastungen im persönlichen Umfeld (familiäre Konflikte, Trennung, Todesfall eines nahestehenden Menschen, Überschuldung etc.)
- Belastungen im Arbeitsumfeld (starke Konflikte mit dem Chef oder mit direkten Kollegen, Infragestellung der eigenen Rolle und Kompetenz, drohender Bedeutungs- oder Jobverlust durch Änderungen und Umstrukturierungen etc.)

Die mit Abstand am häufigsten vorkommenden psychischen Erkrankungen sind Angststörungen. Zahlreich sind ebenfalls Depressionen, psychosomatische Erkrankungen (sogenannte somatoforme Störungen), bei denen psychische Ursachen zu körperlichen Beschwerden führen sowie Suchterkrankungen und Hyperaktivität (ADHS). Seltener sind Essstörungen, insbesondere Magersucht (Anorexie) und Ess-Brech-Sucht (Bulimie), manisch-depressive Erkrankungen (sogenannte bipolare Störungen) und psychotische Störungen, insbesondere Schizophrenien, zu deren charakteristischen Symptomen Wahnvorstellungen, Verfolgungsängste und Denkstörungen gehören. Neben psychischen Erkrankungen gibt es noch sogenannte Persönlichkeitsstörungen, bei denen ein Mensch durch tief verwurzelte psychische Eigenschaften und Verhaltensmuster in seinem Leben deutlich eingeschränkt ist oder immer wieder mit anderen in Konflikt gerät. Zu den Persönlichkeitsstörungen gehören: die Paranoide, die Borderline, die Zwanghafte, die Ängstlich-Vermeidende, die Abhängige und die Narzisstische Persönlichkeitsstörung.

Die durch ihre Häufigkeit und ihre Auswirkungen größte praktische Relevanz für Organisationen haben Angststörungen, Depressionen und Suchterkrankungen, die im Folgenden kurz erläutert werden.

Angststörungen

Von Angststörungen spricht man, wenn sehr heftigen, zumeist auch häufiger wiederkehrenden Angstreaktionen keine reale Gefahr oder Bedrohung entspricht. Für die Diagnose einer Angststörung sind neben der Heftigkeit der Angstreaktion wichtige Anhaltspunkte, dass die Angstgefühle über eine längere Dauer bestehen, dass sie ohne Hilfe nicht mehr bewältigt werden können, dass der Betroffene eine »Angst vor der Angst« entwickelt hat, Angst auslösende Situationen meidet und sich aus seinem sozialen Umfeld mehr und mehr zurückzieht. Angststörungen haben stark zugenommen. Man geht davon aus, dass 14 – 18 % der Bevölkerung innerhalb eines Jahreszeitraums die Diagnosekriterien einer Angststörung erfüllen.

Häufige Angststörungen sind: die generalisierte Angststörung, bei der der Betroffene unter unaufhörlichen Sorgen und Dauerangst leidet; Panikstörungen, die mit Panikattacken verbunden sind; posttraumatische Belastungsstörungen nach traumatischen Erfahrungen wie schweren Unfällen, Gewalt, Missbrauch und Phobien, d. h. Ängste vor bestimmten Situationen oder Objekten, z. B. soziale Phobie, das ist die übermäßig ausgeprägte Angst, in Gegenwart anderer etwas Peinliches zu tun, etwa bei einer Rede ins Stottern zu geraten oder nicht mehr weiterzuwissen; Klaustrophobie, das ist die Angst vor engen Räumen, etwa Fahrstühlen, Bahnen oder Bussen und Agoraphobie, das ist die Angst vor Menschenmengen, öffentlichen Plätzen, weiten Reisen etc.

Da Menschen mit Angststörungen oft sehr ausgeklügelte Strategien entwickeln, die Angst auslösenden Situationen zu vermeiden, sind solche Störungen für das Umfeld nur schwer zu erkennen. Oft wird die Angst vom Umfeld erst dann wahrgenommen, wenn immer weitere Bereiche des ›normalen‹ Lebens gemieden werden oder wenn es zu direktem körperlichen oder verbalen Ausdruck der Angst kommt, z. B. durch starkes Zittern, Schweißausbrüche, Erröten oder

Äußerungen, dass es der Person völlig unmöglich erscheint, sich in eine bestimmte, an und für sich harmlose Situation zu begeben.

Behandelt werden Angststörungen heutzutage vor allem durch Psychotherapie (insbesondere Verhaltenstherapie), Entspannungsverfahren sowie angstlösende und beruhigende Medikamente.

Depressionen

Depressionen gehören zu den sogenannten affektiven Störungen, d. h. den Störungen von Gefühl und Stimmungslage. Zu den charakteristischen Symptomen von Depressionen gehören eine negative Einengung der Stimmung (Verlust an Freude und affektiver Resonanz), das Gefühl von Niedergeschlagenheit, Sinnlosigkeit und Leere, Ängstlichkeit und das Gefühl von Versagen, Wertlosigkeit und Schuld. Hinzu kommt eine große Anzahl körperlicher Beschwerden, wie etwa Herzklopfen, Schwindel, Übelkeit, Schweißausbrüche, Rückenschmerzen oder schnelle Erschöpfung. Besonders charakteristisch für Depressionen sind weiterhin Schlafstörungen und das Gefühl, morgens den (Arbeits-)Tag, der als schier unendliche Last empfunden wird, nicht beginnen zu können.

Ca. 5 % der Bevölkerung leiden an einer Depression. Zu den Depressionen gerechnet werden von Experten auch Burnout-Syndrome, die zahlreiche Charakteristika depressiver Störungen aufweisen und die dem entsprechen, was man früher oft als »Erschöpfungsdepression« bezeichnet hat.

Am Arbeitsplatz können depressive Verstimmungen oft dadurch erkennbar werden, dass Betroffene sich stark zurückziehen, angespannt und kraftlos wirken, mehr Flüchtigkeitsfehler und Arbeitsunterbrechungen machen und vermehrt unkonzentriert, vergesslich und zerfahren erscheinen. Nicht selten stoßen solche Verhaltensweisen im Umfeld auf Unverständnis und Ablehnung. Bei den Betroffenen selbst entsteht dabei oft große Angst, die Arbeit nicht mehr bewältigen zu können und den Job zu verlieren, wodurch es ihnen dann noch schwerer fällt, sich anderen gegenüber zu öffnen und Hilfe zu suchen.

Zur Behandlung von Depressionen gehört heutzutage meistens eine Kombination aus medikamentöser Behandlung, Psychotherapie, Bewegungstherapie und Entspannungsverfahren.

Suchterkrankungen

Sucht bedeutet eine psychische und physische Abhängigkeit, die zu körperlichen, psychischen oder sozialen Beeinträchtigungen führt. Man unterscheidet stoffgebundenene Süchte (Alkohol, Medikamente, Drogen etc.) und stoffungebundene Süchte (Spielsucht, Kaufsucht, Arbeitssucht etc.).

Die häufigste Sucht in Deutschland ist Alkoholabhängigkeit. Nur ca. 8 % der Erwachsenen sind abstinent, ca. 84 % haben einen regelmäßigen Konsum, ein großer Teil davon hat einen Konsum, der oberhalb der risikoarmen Menge liegt. (Als risikoarmer Konsum gilt nach heutigen Erkenntnissen ein Glas Wein oder ein Glas Bier pro Tag, wobei selbst dann regelmäßige alkoholfreie Tage wichtig wären.) Ca. 5 % der Deutschen zeigen einen Alkoholmissbrauch, weitere 3 % müssen als eindeutig alkoholabhängig gelten. Etwa jeder vierte Todesfall in der Altersgruppe 35 – 64 wird durch übermäßigen Alkoholkonsum maßgeblich mitverursacht.

Ca. 27 % der Bevölkerung raucht. Die Raucherquote bei den Männern liegt bei ca. 32 %, die bei den Frauen bei ca. 22 %, wobei die Quote bei den Männern ab- und bei den Frauen zunimmt. Ein Drittel der Raucher gilt als abhängig.

Vielfach kommt es zu einer schleichenden Entwicklung von Abhängigkeit durch fließende Übergänge von regelmäßigem Konsum zu Missbrauch und zu Abhängigkeit. Eine erhöhte Abhängigkeitsgefahr besteht, wenn Alkohol oder andere Suchtmittel regelmäßig gegen Stress, Ärger, Wut, Trauer etc. eingesetzt werden. Ein kritischer Punkt ist erreicht, wenn ohne Suchtmittel keine Entspannung oder kein Wohlgefühl mehr möglich ist.

Eine Sucht geht immer auch mit beobachtbaren Auffälligkeiten einher, z. B.:

- **Im Arbeitsverhalten:**

Unzuverlässigkeit, kurzfristig oder nachträglich beantragte Einzelurlaubstage, wiederholtes kurzfristiges Verschwinden vom Arbeitsplatz, gehäufte morgendliche Verspätungen, durch die Arbeitssituation nicht erklärbare Arbeitsrückstände oder gehäufte

Fehler, Konzentrationsverminderung und Vergesslichkeit, Klagen über wechselnde körperliche Beschwerden etc.

- **Im Sozialverhalten:**

Stärkere Stimmungsschwankungen, erhöhte Kränkbarkeit, Nichteingestehen von Fehlern, Rückzug aus Freundes- und Bekanntenkreis, Aufgabe von Hobbys, Nicht-mehr-Einhalten moralischer Grundsätze, Geldprobleme, Probleme in Familie und Partnerschaft etc.

- **Im äußeren Erscheinungsbild:**

Ungepflegtes Erscheinungsbild, Alkoholfahne, unsicherer Gang, gehäuftes Auftreten von Zittern, Schwitzen, Unruhe etc.

Behandelt werden Suchterkrankungen durch ambulante oder stationäre Suchttherapie, die eine spezielle Form der Psychotherapie darstellt.

Erkennen von Anzeichen

Dick zu unterstreichen ist noch einmal: Das Stellen medizinischer Differenzialdiagnosen in Bezug auf mögliche körperliche und/oder psychische Erkrankungen eines Mitarbeiters in einem Betrieb ist nicht Aufgabe und Angelegenheit von dessen Chefs, Kollegen und Mitarbeitern. Das heißt, auch die komplexe Frage, ob eine Person wohl eine psychische Erkrankung hat, und falls ja, welche, muss durch behandelnde Ärzte oder psychologische Psychotherapeuten geklärt werden und sicher nicht durch medizinische Laien aus dem Arbeitsumfeld der Person. Was es allerdings zu erkennen gilt, ist, ob es starke Anzeichen dafür gibt, dass ein Mitarbeiter eine – wie auch immer im Einzelnen geartete – psychische Überlastung oder Erkrankung hat und daher auch Hilfe aus seinem Umfeld benötigt. Je früher solche Anzeichen erkannt werden und je früher es zu hilfreichen Gesprächen und sinnvollen Unterstützungsangeboten kommt, desto größer ist die Chance auf eine gute Lösung für alle Beteiligten.

Mit Menschen in einer frühen Phase psychischer Überlastung oder Erkrankung ins Gespräch zu kommen, ist oft noch einfacher. In späteren Phasen stecken die Betroffenen oft wesentlich tiefer in der Erkrankung drin, leiden unter größeren Ängsten, zeigen eine stärkere Abschottung und häufig zugleich eine geringere Krankheitseinsicht, so dass sie kommunikativ schwerer zu erreichen sind. Gleichzeitig führt gerade das Fortschreiten psychischer Erkrankungen in aller Regel sowohl für den Betroffenen selbst als auch für sein Umfeld zu immer stärkeren Problemen und Belastungen, so dass das Risiko von langen Fehlzeiten steigt und gute Kommunikation auch dadurch erschwert wird. Früh Wahrnehmen und konsequent Dranbleiben sind hier also die generellen Maximen.

Was sind nun aber die Anzeichen für eine mögliche psychische Erkrankung, auf die hin eine Führungskraft aktiv werden sollte? Der wichtigste Indikator in diesem Zusammenhang ist, dass sich der Mitarbeiter in kritischer Hinsicht auf einmal ›anders‹ verhält, als man es sonst von ihm gewohnt war, ein klarer Grund aus der Arbeitssituation oder – soweit bekannt – dem privaten Umfeld des Mitarbeiters dafür nicht erkennbar ist und das kritische Verhalten des Mitarbeiters sich verstetigt oder sogar noch ausgeprägter wird. So zeigt der Mitarbeiter im Unterschied zu früher etwa:

- Eine höhere Fehler- und Unfallrate
- Deutliche Konzentrationsschwierigkeiten
- Häufigeres Fehlen
- Eine Abnahme der Arbeitsleistung
- Schwierigkeiten im Umgang mit anderen, z. B. Gereiztheit oder Misstrauen
- Ungewöhnliche und nicht-funktional erscheinende Verhaltensweisen, z. B. ein übermäßiges Absichern und Nachkontrollieren
- Rückzug von Kontakten
- Ein ungepflegtes Auftreten
- ...

Je ausgeprägter solche kritischen Abweichungen im Vergleich zu früherem Verhalten des Mitarbeiters zu beobachten sind, umso akuter stellt sich der Handlungsbedarf.

Praxisbeispiel:
Frau Meier ist seit vielen Jahren Mitarbeiterin in einem Finanzdienstleistungsunternehmen. Sie gehörte in der Vergangenheit immer zu den Leistungsträgern in ihrem Team und hatte einen normal guten Kontakt zu den anderen Teammitgliedern. Seit einiger Zeit spricht Frau Meier kaum noch mit den anderen. An manchen Tagen sagt sie kaum mehr als »Hallo« und »Tschüss«. Erkennbare Konflikte haben sich dabei zwischen Frau Meier und anderen Teammitgliedern nicht ereignet. Frau Meier kommt in letzter Zeit auch oft zu spät. Ihr Mann ruft dann an und sagt, sie hätte Kreislaufprobleme, Übelkeit oder Probleme im Zusammenhang mit ihrer Diabetes. Dass Frau Meier Diabetikerin ist, ist bekannt. Ihr Diabetes hat allerdings in der Vergangenheit nicht zu solchen Phänomenen geführt. Auch die Leistung von Frau Meier hat seit einiger Zeit nachgelassen. Sie bewältigt zwar immer noch ihre Arbeit; aber das, was früher ein Markenzeichen von Frau Meier war, nämlich ›die Extrameile zu gehen‹ und Besonderes zu leisten, ist komplett verschwunden.

Ins Gespräch gehen

Wenn sich Indikatoren verdichten, die darauf hindeuten, dass ein Mitarbeiter an einer psychischen Überlastung oder Erkrankung leidet, ist es wichtig, miteinander ins Gespräch zu kommen. Gefordert ist hier im Allgemeinen die Initiative des Vorgesetzten. Darauf zu warten, dass der betroffene Mitarbeiter von sich aus kommt, um über seine Nöte zu sprechen und um Unterstützung nachzufragen, ist in der Mehrzahl der Fälle nicht zielführend, da von psychischen Überlastungen und Erkrankungen betroffene Menschen häufig große Angst haben, über ihre Situation zu reden, sie ihre Lage oft auch falsch einschätzen und selbst dann noch denken, alles selbst wieder ›regeln‹ zu können, wenn dies ausgesprochen unrealistisch geworden ist. Sollte der betroffene Mitarbeiter tatsächlich von sich aus auf den Chef zukommen, um mit ihm über seine Situation offen zu sprechen, so ist dies für die gemeinsame Verständigung und Lösungssuche natürlich besonders positiv. Kommt der Mitarbeiter aber nicht, so sollte der Chef den ersten Schritt machen und den Mitarbeiter um ein Gespräch bitten.

Bei einem solchen Gespräch gelten dann erst einmal alle diejenigen Regeln, die für konstruktive Gespräche zwischen Chefs und Mitarbeitern auch sonst gelten: Man braucht Zeit, Ruhe, einen geeigneten Ort für das Gespräch, die Bereitschaft zuzuhören, sich auf den Gesprächspartner substanziell einzulassen, Klarheit darüber, welche Punkte man selbst in welcher Weise adressieren und was man zumindest durch das Gespräch erreichen möchte. Bei Gesprächen mit einem möglicherweise psychisch erkrankten Mitarbeiter gilt es darüber hinaus folgende Punkte besonders zu beachten:

- **Sicherheit geben**:

Vertraulichkeit zusichern, deutlich machen, dass es nicht um ein Kritik- oder Bewertungsgespräch geht, Positives benennen etc.

- **Nicht diagnostizieren und therapieren:**

Keine medizinischen Diagnosebegriffe verwenden, es sei denn, der Mitarbeiter verwendet sie bereits von sich aus; auch nicht versuchen, den Mitarbeiter durch gut gemeinte Ratschläge ›zu heilen‹; stattdessen zu verstehen suchen und ein gemeinsames Situations- und Problemverständnis anstreben.

- **Wahrnehmungen über im Vergleich zu früher anderen Verhaltensweisen des Mitarbeiters möglichst verhaltensnah und umgangssprachlich ansprechen:**

Zum Beispiel: »Ich nehme wahr, dass Sie seit einiger Zeit mit den anderen im Team nur noch ganz wenig reden« statt »Sie interessieren sich ja nicht mehr für die anderen.«

- **Die persönliche Sorge zum Ausdruck bringen:**

Keine Vorwürfe machen, sondern artikulieren, dass die Wahrnehmungen des Verhaltens vom Mitarbeiter Sorge bei einem auslösen.

- **Auf arbeitsbezogene Phänomene und Folgen fokussieren:**

Ausgangspunkt und gemeinsamer Themenschwerpunkt sind in einer Chef-Mitarbeiter-Beziehung immer Phänomene aus dem Arbeitsumfeld. Dies schließt nicht aus, dass man den Mitarbeiter fragt, ob es für ihn in seinem persönlichen Umfeld besondere Belastungen gibt, die sich gegebenenfalls auf die Arbeit auswirken. Natürlich muss der Mitarbeiter hierzu nichts sagen. Für das Verstehen der Situation und eine aussichtsreiche Hilfe sind solche Zusammenhänge aber oft fundamental.

- **Offene Fragen stellen und zuhören:**

Fragen stellen, die dem Mitarbeiter Raum geben, über seine Situation, seine Belastung, seine Sorgen und seine Gefühle zu sprechen, zum Beispiel: »Wie fühlen Sie sich momentan im Team? Was kostet Sie besonders viel Kraft? Was gibt Ihnen Kraft? Was belastet Sie zurzeit besonders? Was denken Sie, würde Ihnen guttun?«

- **Gesprächstempo verlangsamen:**

Fragen, Wahrnehmungen oder den Ausdruck von Sorge wiederholen, Zeit zum Verdauen geben, Pausen aushalten, keine langen Monologe halten etc.

- **Spiegeln:**

Respektvoll zum Ausdruck bringen, was man vom anderen versteht, welche Gefühlslagen bei einem ankommen, welche Gedanken und Sorgen man wahrnimmt, wie man die non-verbalen Signale erlebt etc.

- **Dem Mitarbeiter respektvoll und einfühlsam begegnen, aber ihn nicht ›mit Samthandschuhen anfassen‹:**

Es geht um Verstehen, wechselseitiges Vertrauen und Unterstützung, damit eine möglichst gute Lösung gemeinsam gefunden und realisiert werden kann. Es macht aber keinen Sinn, den Mitarbeiter wie einen Patienten oder reinen Hilfsempfänger zu behandeln. Für eine gute Lösung braucht es immer zielgerichtet engagierte Aktivitäten auf Seiten des Betriebs und natürlich auch des Mitarbeiters.

- **Weitere (Unterstützungs-)Schritte so konkret wie möglich vereinbaren:**

Man muss nicht jede Unterstützungsidee sofort parat haben; aber alles, was man anbietet, und sei es der Zeitpunkt für ein Folgegespräch oder die Verabredung, noch einen Dritten (z. B. Sozialberater/in, Betriebsarzt/ärztin, Schwerbehinderten-Beauftragte/r, Betriebsrat/rätin, zuständiger Personalverantwortliche/r etc.) als Ratgeber und Unterstützer hinzuziehen, sollte so konkret wie möglich sein. Es reicht definitiv nicht zu sagen »Sie können gerne wiederkommen, falls Sie Hilfe brauchen.«

- **Bereit sein, nur so weit zu kommen, wie es jetzt für den Mitarbeiter möglich ist – aber dranbleiben:**

Es kann gut sein, dass man in einem ersten Gespräch mit einem psychisch erkrankten Mitarbeiter bezogen auf äußerlich sichtbare Ergebnisse fast gar nichts erreicht. Gerade bei Themen psychischer Erkrankung braucht der Mitarbeiter ein hohes Maß an Vertrauen, um sich zu öffnen. Dies kann bedeuten, dass der Mitarbeiter zunächst sehr wenig zu seiner psychischen Befindlichkeit sagt. Dies gilt es zu akzeptieren, aber zugleich gilt es, ›dranzubleiben‹ und das Gespräch miteinander zeitnah fortzusetzen.

In aller Regel wird es bei einer psychischen Erkrankung mehrere Gespräche brauchen für die gemeinsame Verständigung über die besondere Situation und Wege bzw. Unterstützungsmöglichkeiten zum geeigneten Umgang mit ihr. Der Chef kann dabei natürlich auch weitere Gesprächspartner mit hinzuziehen, z. B. eine/n Sozialberater/in, Betriebsarzt/ärztin, Betriebsrat/rätin, Schwerbehinderten-Beauftragte/n, zuständige/n Personalverantwortliche/n etc., vorausgesetzt dass der Mitarbeiter damit einverstanden ist. Ohne das Einverständnis und die Bereitschaft des Mitarbeiters mit einem – oder vielleicht sogar mehreren – weiteren Gesprächspartnern über seine Situation zu reden, macht in aller Regel keinerlei Sinn. Eine Ausnahme bilden hier lediglich Situationen, in denen es aus disziplinarischen Gründen oder wegen einer akuten Selbst- bzw. Fremdgefährdung wichtig und geboten ist, einen weiteren Experten und Gesprächspartner auf jeden Fall mit hinzuzuziehen (z. B. die Hinzuziehung von Personalverantwortlichen im Falle von klaren Regelüberschreitungen und Verfehlungen bei einem suchtkranken Mitarbeiter oder die Alarmierung eines Notarztes im Falle einer akuten Selbstmordgefahr).

Normalerweise gilt es erst einmal, in Gesprächen zwischen Chef und Mitarbeiter die Basis dafür zu schaffen, dass und in welcher Weise weitere Hilfe genutzt werden soll. Obwohl der Chef also weder Diagnostiker noch Therapeut eines psychisch erkrankten Mitarbeiters ist, kommt ihm gleichwohl eine sehr wichtige und oft überhaupt nicht einfache Aufgabe zu: nämlich die, mit dem psychisch belasteten Mitarbeiter so viel Klarheit und Offenheit über die Situation herzustellen, dass Weichenstellungen für weitere Unterstützungsmaßnahmen sinnvoll und zielgerichtet erfolgen können.

Helfen

Es gibt keine Standardlösungen, um psychisch erkrankten Mitarbeitern wirksam zu helfen. Jede Situation ist individuell zu betrachten und bedarf einer spezifischen Lösung. Klar ist, dass es nicht reicht, einem psychisch erkrankten oder stark überlasteten Mitarbeiter zu sagen: »Jetzt machen Sie etwas Urlaub oder schalten Sie einfach mal einen Gang zurück.« Wenn alles so einfach wäre, hätte es der Mitarbeiter längst gemacht. Das Risiko bei einem solchen Vorgehen ist, dass eine Urlaubs- oder Auszeit vielleicht ein wenig Linderung bringt, aber nichts heilt. Spätestens wenn der Mitarbeiter wieder in seinen normalen Arbeitstrott und Stress gerät, sind auch alle Probleme wieder da. Und je nach Störungsart kann es sogar passieren, dass eine Urlaubs- oder Auszeit nicht nur keine Verbesserung bringt, sondern die Sache weiter verschlimmert, indem der Mitarbeiter nun ganz und gar in seinen belastenden Gedankenkreisen versinken kann.

Wenn ein Mitarbeiter tatsächlich eine psychische Erkrankung hat, die ihn in seinem Befinden und seinem Berufs- und/oder Privatleben deutlich einschränkt, braucht er professionelle Unterstützung – in der Regel eine Psychotherapie ergänzt durch weitere medizinisch-psychologische Maßnahmen. Natürlich kann ein Betrieb einen Mitarbeiter nicht zwingen, sich psychotherapeutisch behandeln zu lassen. Der Chef kann aber bei entsprechender Gesprächs- und Vertrauensbasis nachfragen, ob der Mitarbeiter sich bereits in einer Behandlung befindet; er kann eine Therapie empfehlen oder mit dem Mitarbeiter vereinbaren, dass dieser eine Therapie aufnimmt. Manche Organisationen können psychisch erkrankten Mitarbeitern dabei in der Weise Brücken bauen, dass sie mit Instituten oder Therapeutennetzwerken zusammenarbeiten, in denen der Mitarbeiter dann schneller eine kompetente therapeutische Behandlung bekommt. In anderen Organisationen haben Gesundheitsexperten, z. B. Betriebsärzte oder Sozialberater zumindest Adressen von Psychotherapeuten und psychotherapeutischen Einrichtungen parat, um dem Mitarbeiter die Suche nach einer geeigneten Anlaufstelle zu erleichtern.

Ein sehr nützliches Angebot ist es, wenn Organisationen Mitarbeitern in psychischen Überlastungs- und Krisensituationen möglichst zeitnah und unbürokratisch die Möglichkeit eröffnen, einige Beratungs- oder Coachingstunden mit einem professionellen Sparringspartner wahrzunehmen, z. B. einem internen oder externen Coach oder Sozialberater. Diese Gespräche können dem Mitarbeiter helfen, seine eigene Situation klarer einzuschätzen und eigene Anteile sowie äußere Belastungsfaktoren als Ursachen der Problementstehung ebenso zu erkennen wie eigene Ressourcen (Kompetenzen und Fähigkeiten) und Ressourcen aus dem beruflichen und privaten Umfeld (unterstützende Beziehungen, Hilfsmöglichkeiten etc.) zur Entwicklung von Lösungsstrategien. Oft bilden derartige Beratungs- und Coachinggespräche auch eine gute Brücke dazu, dass der Mitarbeiter erkennt, dass eine weitergehende psychotherapeutische Behandlung für ihn sinnvoll und hilfreich ist.

Wie es dann genau weitergeht, ist hochgradig situationsabhängig: Ob tatsächlich eine Psychotherapie angeraten erscheint, ob eine ambulante Therapie reicht oder ein stationärer Aufenthalt erforderlich ist, wie lang ein stationärer Aufenthalt sein sollte, welche weiteren psychologischen und medizinischen Maßnahmen gegebenenfalls hinzukommen sollten etc. Auch später auftauchende Fragen wie: »Kann der Mitarbeiter weiter in seiner bisherigen Funktion arbeiten? Ist eine Veränderung innerhalb des Stellenzuschnitts, eventuell auch eine vorübergehende oder dauerhafte Reduzierung der Arbeitszeit nötig? Erweist sich vielleicht sogar eine grundsätzliche Stellenveränderung als sinnvoll?« – Solche und ähnliche Fragen lassen sich nur bezogen auf die jeweils individuelle Situation zielführend klären.

Praxisbeispiel:
Der Chef von Frau Meier sucht wegen der auffallenden Verhaltens- und Leistungsänderungen das Gespräch mit ihr. Nach einem ersten Gespräch, in dem Frau Meier alle Änderungen auf ihr Diabetes schieben möchte, vertraut sie ihrem Chef in einem zweiten Gespräch an, dass sie unter Depressionen leidet, wobei sie betont, dass sie ihre Arbeitsanforderungen ja korrekt erfüllt. Frau Meier willigt ein, ein beratendes Gespräch mit einer HR-Mitarbeiterin, die unter anderem für Coaching zuständig ist, wahrzunehmen. In diesem Gespräch sagt Frau Meier, dass ihr Hausarzt, dem sie ihre Situation geschildert habe, ihr eine Psychotherapie empfohlen und Antidepressiva verschrieben habe. Beides lehnt Frau Meier kategorisch ab. Frau Meier willigt aber ein, ein vom Unternehmen bezahltes Coaching zu machen. Das Coaching sowie eine nachfolgende von Frau Meier privat bezahlte Beratung führen zu einer deutlichen Stabilisierung. Frau Meier gewinnt wieder Kraft, Lebenslust und Freude an ihrer Arbeit im Team. Sie entscheidet sich trotzdem, ihre Arbeitszeit von einer 5- auf eine 4-Tage-Woche zu reduzieren, um mehr Zeit für sich und ihren Partner zu haben.

Sicher ist, in sehr vielen Fällen haben Mitarbeiter mit psychischen Erkrankungen – nicht anders als in den meisten Fällen von körperlichen Erkrankungen – eine sehr gute Chance, wieder mit voller Kraft und hoher Stabilität in ihrem beruflichen Umfeld weiter tätig zu sein. Nicht selten sind Menschen nach dem erfolgreichen Bewältigen einer psychischen Krise sogar gefestigter und balancierter als zuvor, da sie gelernt haben, besser auf sich zu achten, mit Belastungen und Ressourcen sinnvoll umzugehen, Warnhinweise rechtzeitig zu erkennen und angemessen darauf reagieren zu können. Die Heftigkeit einer psychischen Erkrankung ist dabei kein Indikator für den weiteren Verlauf. Bei heftigen psychischen Erkrankungen (z. B. einer massiven depressiven Episode) ist ebenso wie bei leichten Formen ein positiver Verlauf sehr wohl möglich. Am kritischsten einzuschätzen sind diejenigen Fälle, bei denen trotz aller professionellen und konsequenten Unterstützung über einen langen Zeitraum immer wieder Phasen psychisch bedingter Einbrüche und Ausfallzeiten zu verzeichnen sind, ohne dass eine signifikante Stabilisierung eintreten würde. Diese unübersehbaren und für alle Beteiligten ebenso belastenden wie frustrierenden Fälle sind es oft, die das Bild psychischer Erkrankungen in Organisationen prägen, obwohl sie von der Anzahl her nur einen sehr geringen Teil aller psychischen Krankheitsfälle ausmachen. Mit dem Bewusstsein, dass es bei der überwiegenden Mehrzahl von psychischen Erkrankungen bei rechtzeitiger Wahrnehmung, professioneller Gesprächsführung und passenden Hilfsmaßnahmen sehr wohl möglich ist, für alle Beteiligten gute Lösungen zu finden, haben Führungskräfte die Chance, die Quote guter Verläufe deutlich zu erhöhen – und damit einen nennenswerten Beitrag für Gesundheit, Wohlbefinden und Balance in ihrem Verantwortungsbereich zu leisten.

Checkliste: Wahrnehmungshinweise, Gesprächsführungsleitlinien, Hilfestellungen

im Umgang mit psychisch erkrankten Mitarbeiter/innen

Wahrnehmungshinweise

- Eine höhere Fehler- und Unfallrate;
- Deutliche Konzentrationsschwierigkeiten;
- Häufigeres Fehlen;
- Eine Abnahme der Arbeitsleistung;
- Schwierigkeiten im Umgang mit anderen, z. B. Gereiztheit oder Misstrauen;
- Ungewöhnliche und nicht-funktional erscheinende Verhaltensweisen, z. B. ein übermäßiges Absichern und Nachkontrollieren;
- Rückzug von Kontakten;
- Ein ungepflegtes Auftreten;
- ...

Gesprächsführungsleitlinien

- Sicherheit geben;
- Nicht diagnostizieren und therapieren;
- Wahrnehmungen verhaltensnah und umgangssprachlich ansprechen;
- Die persönliche Sorge zum Ausdruck bringen;
- Arbeitsbezogene Phänomene und Folgen fokussieren;
- Offene Fragen stellen und zuhören;
- Gesprächstempo verlangsamen;
- Emotional Wahrgenommenes spiegeln;
- Sich in die individuelle Situation einfühlen, ohne reale Anforderungen zu vergessen;
- Weitere Schritte so konkret wie möglich vereinbaren;
- Bereit sein, nur so weit zu kommen, wie es gerade geht, aber dranbleiben;
- ...

Hilfestellungen

- Betriebliche Gesundheitsexperten hinzuziehen;
- Geeignete Anlaufstellen für psychologische Beratung/Therapie nennen;
- Therapie empfehlen oder vereinbaren;
- Beratungs- oder Coachingstunden mit einem professionellen Sparringspartner anbieten;
- Eventuell über veränderte Arbeitszeiten nachdenken;
- Einen neuen Aufgabenzuschnitt in Erwägung ziehen;
- Im Gespräch miteinander bleiben und bei Bedarf nachsteuern;
- ...

Literaturverzeichnis

BApK (Hrsg.), 2008: Mit psychisch Kranken leben. Balance Buch + Medien Verlag, Bonn

BKK (Hrsg.), 2011: Psychisch krank im Job. Was tun? Erschienen als Schrift des BKK Bundesverbands, Essen

Dilling, H., Mombour, W., Schmidt, M.H. (Hrsg.), 2011: Internationale Klassifikation psychischer Störungen: ICD-10 Kapitel V (F). Klinisch-diagnostische Leitlinien. Verlag Hans Huber, Bern

Hölscher, S., 2011: Verborgene Gefahren – Eine Orientierungshilfe für den Umgang mit gesundheitsbelastenden Eisbergthemen. Erschienen als Skript der Metrion Management Consulting, Frankfurt a.M.

Hölscher, S., 2011: Burn-Out. Symptome, Entstehungsbedingungen, Maßnahmen. Erschienen als Skript der Metrion Management Consulting, Frankfurt a.M.

Kromm, W. & Frank, G. (Hrsg.), 2009: Unternehmensressource Gesundheit. Weshalb die Folgen schlechter Führung kein Arzt heilen kann. Symposion Verlag, Düsseldorf

Matyssek, A.K., 2010: Führung und Gesundheit. Ein praktischer Ratgeber zur Förderung der psychosozialen Gesundheit im Betrieb. Books on Demand, Norderstedt

Uhle, T., & Treier, M., 2010: Betriebliches Gesundheitsmanagement. Gesundheitsförderung in der Arbeitswelt – Mitarbeiter einbinden, Prozesse gestalten, Erfolge messen. Springer Verlag, Berlin Heidelberg

10 plus 2 Goldene Regeln zur Steigerung von Gesundheit, Wohlbefinden und Balance

Stefan Hölscher

Viele Wege führen nach Rom. Dies gilt auch für Wege, sich gesund zu erhalten, das eigene Wohlbefinden und die persönliche Balance zu steigern. Bei aller Vielfalt der Philosophien und Methoden sind es jedoch im Kern nur einige grundlegende Punkte, um die es geht, wenn man auch unter schwierigen Bedingungen in wirksamer, lustvoller und vernünftiger Weise etwas Gutes für sich tun möchte: 10 plus 2 Goldene Regeln sind es, die es zu beherzigen gilt.

Regel 1: Achte auf Deine inneren Haltungen

Innere Annahmen, Einstellungen und Haltungen sind entscheidend dafür, wie wir die Welt und uns selbst betrachten, wie es uns geht und welchen weiteren Lauf die Dinge für uns nehmen. Zu den hilfreichen inneren Haltungen gehört besonders die Überzeugung, auf die Qualität des eigenen Lebens einen signifikanten Einfluss zu haben – natürlich nicht in dem Sinne, dass man alles beliebig bestimmen kann, aber dass man doch durch die Art und Weise eigener Bewertungen, Entscheidungen und Handlungsweisen Weichenstellungen von großer Wirksamkeit vornehmen kann.

Andere hilfreiche Haltungen sind, die Bereitschaft zu akzeptieren, dass, auch wenn man sich etwas anderes gewünscht hätte, es ist, wie es ist, womit nicht Fatalismus gemeint ist, sondern die Bereitschaft der Realität ins Auge zu sehen; die Überzeugung, dass man auch aus schwierigen Situationen etwas Sinnvolles machen kann; Dankbarkeit auch für die scheinbar kleinen und scheinbar selbstverständlichen Dinge des Lebens; Proaktivität, also die Bereitschaft zu Initiative, Engagement und entschiedenem Handeln etc.

Hilfreiche Haltungen kann man fokussieren und trainieren. Da man ›am eigenen Leib‹ erfahren kann, dass sie einem guttun, hat man einen machtvollen Verstärker dafür zur Seite, immer wieder darauf zu achten, dass man sie einnimmt.

Regel 2: Pflege wichtige Beziehungen

Stabile, unterstützende, von Liebe, Freundschaft und Zuneigung getragene Beziehungen sind eine fundamentale Ressource. Sie geben Kraft in guten wie in schlechten Zeiten. Gerade unsere wichtigsten und fundamentalsten Beziehungen laufen jedoch oft Gefahr, vernachlässigt zu werden. Im Strudel aller Anforderungen, die wir zu erfüllen versuchen, ergibt sich hier nicht selten eine schleichende Erosion in der Qualität (und oft auch Quantität) des gemeinsamen Erlebens.

Auch die besten Beziehungen verdienen und brauchen Aufmerksamkeit, Präsenz, verbindende Aktivitäten und das Sprechen über das gemeinsam und das von jedem Einzelnen Erlebte. Keine Beziehung kann langfristig kraftvoll sein, wenn man sie einfach nur so laufen lässt. Gerade für Menschen, die unter starken beruflichen Anforderungen stehen, gilt es, den wichtigen Beziehungen immer wieder bewusst einen substanziellen Raum zu geben.

Regel 3: Mach echte Pausen

Wer Arbeits- oder anderen Aktivitäten intensiv nachgeht, braucht zwischendurch Pausen, um wieder aufzutanken und etwas Abstand zu bekommen. Nicht wenige verkneifen sich Pausen oder beißen ins Butterbrot, während sie ihre Vorgänge weiterbearbeiten, weil sie denken, dass gerade jetzt keine richtige Pause geht, da dies und das noch ansteht oder irgendjemand noch irgendetwas will. Nur leider hört dies niemals auf. Die zwangsläufige Folge vom pausenlosen Durcharbeiten ist, dass Konzentration, Effektivität und Effizienz erheblich nachlassen – von Kreativität und der Lust an der Tätigkeit ganz zu schweigen. Jeder von uns braucht bei dem, was er tut, echte Pausen.

Für echte Pausen ist es in der Regel gut, den ›Tatort‹ zu verlassen, woanders hinzugehen, etwas anderes zu tun, über etwas anderes zu reden, über etwas anderes zu sinnieren; statt zu sitzen, zu gehen, statt auf einen Bildschirm zu gucken, den Blick schweifen zu lassen etc. Echte Pausen lohnen sich immer, gerade auch für die Effizienzfreaks unter uns. Nur wer sich regelmäßig echte Pausen gönnt, bleibt langfristig frisch und produktiv, bei dem, was er tut.

Regel 4: Bau systematisch Erholungs- und Auszeiten ein

Was die Pause im Kleinen, sind Erholungs- und Auszeiten im Großen. Dies beginnt schon beim Thema Schlaf. Jeder von uns braucht, um geistig und körperlich fit zu bleiben, hinreichend viel Schlaf. Dafür muss man vor allem dem Nachtschlaf genügend Zeit einräumen – nämlich so viel, wie man tatsächlich braucht. Und man sollte darauf achten, was man, bevor man schlafen geht, tut. Wer die letzten Stunden vor dem Zubettgehen mit Arbeit und Problemwälzen verbringt, muss sich nicht wundern, wenn der Schlaf nicht extrem erquicklich ist. Es geht darum, Körper und Geist eine Chance zu geben, ›runterzufahren‹ und in einen Erholungsmodus zu kommen.

Um Auftanken, Erholen und Kraftgewinnen, geht es auch bei Urlauben und Auszeiten. Die Chance liegt hier darin, Dinge zu tun, die man sonst nur wenig oder gar nicht tun kann: einem anderen – in der Regel – langsameren und freieren Rhythmus folgen; weniger aufs ständige Funktionieren achten, sich mehr den eigenen Impulsen, Wünschen und Bedürfnissen widmen; wohltuenden Abstand bekommen, neue Ideen sammeln, sich auf Zukünftiges einstimmen und neue Strategien erdenken etc.

Erholungs- und kleinere oder größere Auszeiten braucht man nicht nur einmal im Jahr. Ideal ist, wenn sie in unser Leben gut und regelmäßig integriert sind und wenn wir die inneren und äußeren Weichen jeweils auch so stellen, dass das wohltuend andere, Kraft und Ideen gebende in unseren Auszeiten auch möglich wird – z. B. gilt es dafür die eigene Erreichbarkeit per E-Mail und ähnlichem zu dosieren; es gilt, die persönlichen Erwartungen an den Urlaub oder die Auszeit realistisch zu halten; es gilt auf einen hilfreichen Rahmen zu achten für das, wofür einem die Auszeit gerade besonders wichtig ist etc.

Regel 5: Gib eigenen Bedürfnissen auch im Alltag immer wieder eine A-Priorität

Das Leben ist zu kurz und zu wertvoll, um eigene wichtige Bedürfnisse immer wieder hinten anzustellen. Genau das passiert aber nicht wenigen Menschen, die mit sehr hohem Pflicht- und Qualitätsbewusstsein in unablässig fordernden Umfeldern (und dazu gehören heutzutage die meisten Arbeitsumfelder) tätig sind. Etwas schiebt sich immer noch dazwischen, und so klappt das, was man so gerne gemacht hätte, heute gerade mal wieder nicht, und man arbeitet stattdessen eben noch ein paar Stunden länger. Wenn dies zum Automatismus wird, hat es bittere Folgen: Energieverlust, Selbstentfremdung, erhöhte Anfälligkeit für Krankheiten, Gefühl von Leere, Burnout-Tendenzen, Zusammenbruch.

Auch im Alltag darf und sollte es neben aller Arbeit regelmäßig Zeitfenster geben, in denen das eigene Bedürfnis – Sport, die Ausübung eines Hobbys, Treffen mit Freunden etc. – eindeutig Vorrang hat. Wer nach dieser Maxime lebt, hat in der Regel nicht weniger, sondern oft größeren und fast immer längerfristigen Erfolg – und natürlich mehr Spaß am Leben.

Regel 6: Praktiziere Bewegung und Sport

Die Lebenserfahrung hat es immer schon gezeigt: Ein gesunder Geist und ein gesunder Körper gehören zusammen. Die medizinische Forschung der letzten Jahre und Jahrzehnte hat jedoch in eindrucksvoller Weise noch einmal verdeutlicht, wie essenziell und wie vielgestaltig die positiven Wirkungen von Bewegung und Sport für Gesundheit und Wohlbefinden sind. Wer systematisch und regelmäßig – und zwar in vernünftiger, nicht extrem beanspruchender Art und Weise – Sport und Bewegung praktiziert, tut nicht nur etwas für Herz, Kreislauf, Muskeln und Bewegungsfähigkeit, sondern baut Stress wieder ab, verbessert sein Immunsystem, verringert signifikant sein Risiko für eine ganze Reihe von Krebsarten und Diabetes, stabilisiert und verbessert seine Stimmung, seine Energie und geistige Leistungsfähigkeit, verringert sein Risiko, Burnout oder eine Depression zu bekommen etc.

Mindestens dreimal pro Woche – idealerweise aber jeden Tag – sollte jeder 20 bis 60 Minuten Zeit für Bewegung und Sport in sein Leben integrieren. Dabei darf man natürlich darauf achten, was einem Spaß macht, und man kann auch ganz einfache Dinge, wie etwa Spazierengehen oder Fahrradfahren in der nächstgelegenen Umgebung tun, weil die positiven Effekte nicht daran hängen, möglichst ausgefallenen Sportarten an möglichst ausgefallenen Plätzen nachzugehen.

Regel 7: Achte auf eine bewusste Ernährung

Man ist, was man isst. Die Wahrheit dieses Satzes kann man in einzelnen Situationen spüren, z. B. wie es einem geht, wenn man eine sehr schwere und fetthaltige Mahlzeit zu sich genommen hat im Unterschied dazu, wie man ›drauf ist‹, wenn man etwas, das zugleich sehr lecker, sättigend und leicht ist, gegessen hat. Die Spuren von Ernährungsgewohnheiten oder Ernährungsunarten zeigen sich jedoch auch über die Zeit hinweg: am Körpergewicht, am Aussehen, am generellen Wohlbefinden, an Krankheitsrisiken etc.

Gerade beim Thema Ernährung gilt: Es gibt nicht den einen richtigen Weg. Zu beachten sind Unterschiede im Typus und Körperbau, subjektive Vorlieben, Verträglich- bzw. Unverträglichkeiten, Bedingungen der Arbeits- und Lebensumstände, kulturelle Faktoren und manches mehr. Klar ist, viel Obst, Gemüse und Wasser sind gesund; Fleisch sollte man nur eingeschränkt verzehren. Und: Zu viel ist immer zu viel – egal, wovon. Letzten Endes geht es darum, eine individuelle Balance zwischen Gesundheit und Genuss beim Essen und Trinken für sich zu finden, und damit so gut wie möglich auf Kurs zu bleiben. Ein entscheidender Hebel liegt dabei in der Bewusstheit: Dazu gehört, auf Signale des Körpers zu achten und sie ernst zu nehmen, sich bewusst zu ernähren, auf die Auswahl, Zubereitung und die Umstände beim Verzehr von Lebensmitteln zu achten, Essen und Trinken zu genießen und zugleich vernünftigen Leitlinien für die eigene Ernährung zu folgen.

Regel 8: Nutze Rituale

Rituale sind wiederkehrende Tätigkeiten, die stark gleichförmig ablaufen und in einem hohen Maß durch vor- und unbewusste Aktivitäten mitgeprägt werden. Rituale können uns Orientierung, Sicherheit und Strukturierung geben, und sie können uns helfen, in einen anderen, entspannteren Bewusstseinsmodus zu kommen. Bei Lichte betrachtet pflegt jeder von uns viele, viele kleine Alltagsrituale und erreicht damit oft – mitten in einem sehr fordernden und anstrengenden Arbeitsgeschehen – immer wieder ein bisschen für das eigene Wohlbefinden.

Wenn wir unsere kleinen Rituale bewusst zelebrieren und ihre wohltuende Wirkung aufmerksam genießen, können wir sie noch besser nutzen als gar nicht so unbedeutende Hebel für Abstand, Entspannung, Klärung und Übergang. Für unser Wohlbefinden ritualisieren können wir dabei die unterschiedlichsten Dinge, z. B. ein Sich-Umziehen nach der Arbeit (und damit auch in etwas anderes ›Hineinschlüpfen‹); das Aufräumen des Schreibtischs am Ende eines Arbeitstags; den Gang durchs Treppenhaus anstatt der Fahrstuhlfahrt, ein Stück Schokolade als kleines Dessert nach dem Mittagessen etc.

Regel 9: Sei achtsam

In unserer schnellen, veränderungs- und outputgetriebenen Welt ist es für uns normal geworden, mehrere Dinge gleichzeitig zu tun, und während wir das eine tun, immer schon an das nächste und übernächste zu denken. Dies kostet Kraft, produziert Druck, erhöht Erschöpfungsrisiken und verstärkt das Gefühl vom erbarmungslosen Zerrinnen der Zeit. Achtsamkeit bedeutet demgegenüber, ganz bei dem zu sein, was jeweils da ist, es aufmerksam wahrzunehmen, aber nicht zu bewerten. Achtsam zu sein bedeutet, im Hier und Jetzt zu sein, ohne an Vorstellungen darüber, ›wie die Dinge auf jeden Fall zu sein haben‹ zu kleben. Dies ermöglicht, das, was um einen herum ist, bewusst zu erleben: die Farben und den Duft von Blumen, den Geschmack einer Speise, die Worte eines Gesprächspartners etc. Bezogen auf meine inneren Zustände – Empfindungen, Gefühle, Gedanken etc. – bedeutet es, diese Zustände zu registrieren, ohne sich mit ihnen zu identifizieren: Ich merke einen Schmerz, ein Gefühl von Ärger, eine Sorge, ein starkes Begehren und lasse diesen Zustand wieder ziehen – ähnlich wie Wolken am Himmel, die man beobachtet, wie sie sich formen, wieder auflösen und weiterziehen. Achtsamkeit gibt uns eine wache Präsenz für das, was da ist und durch das Registrieren und Akzeptieren zugleich eine größere Gelassenheit und Entspannung. Dadurch erhöht sich auch die eigene Zufriedenheit und Lebensqualität.

So einfach all dies vielleicht klingen mag, so herausfordernd ist eine achtsame Lebenshaltung für uns, denn unser Gehirn ist ständig in Bewegung, ständig am Suchen, Wünschen, Assoziieren, Fürchten, Sorgen und Begehren. Zur Steigerung der eigenen Balance lohnt es sich, Achtsamkeit zu trainieren. Helfen können einem hierbei viele Kursangebote, Bücher, CDs etc., um eine achtsame Haltung einzunehmen, zu üben und auch im Alltag als wertvolle Ressource mehr und mehr zu integrieren.

Regel 10: Entwickle Strategien für einen guten Abstand

Viele von uns haben das Gefühl, egal wie viel sie tun und wie lange sie arbeiten, mit ihrer Arbeit nicht fertig zu werden. Es ist nie genug. Immer bleiben wichtige Themen unerledigt oder können nur in unbefriedigender Weise bearbeitet werden. Kommen dann noch Konflikte, Spannungen oder Krisen hinzu, wird das ›Abschalten‹ immer schwieriger. Viele haben das Gefühl, dass es gar nicht mehr gelingt. Man steckt komplett in der Mühle und kommt immer weniger heraus.

Für die Erhaltung von Gesundheit, Wohlbefinden und Balance ist es absolut unverzichtbar, immer wieder einen guten Abstand zum Geschehen herzustellen. Dies ist mitunter alles andere als einfach. Man kann allerdings Strategien entwickeln und pflegen, die einem helfen. Hierzu gehören innere Haltungen, etwa dass man sich sagen kann: »Für heute ist es gut. Ich habe alles getan, was ich tun kann (und will). Der Rest muss bis morgen warten.« Hierzu kann man aber auch Aktivitäten nutzen, von denen man weiß, dass sie einem guttun und die eigene Aufmerksamkeit voll involvieren – was immer, es ist: lesen, rausgehen, im Garten arbeiten, mit Freunden etwas unternehmen, spielen etc. Man kann Entspannungsverfahren praktizieren, z. B. Progressive Muskelrelaxation, Yoga, Autogenes Training, Klopfakupressur, Meditation etc. Man kann einen Umgebungs-, Orts- und Fokuswechsel vornehmen, und man kann vieles mehr unternehmen, was einem hilft, Abstand zu finden. Wichtig ist, es tatsächlich zu tun und sich klarzumachen, dass Abstand nicht immer etwas ist, das wie auf Knopfdruck passiert. Manchmal braucht es ein Weilchen, bis der Abstand größer und größer wird.

Zwei Metaregeln zum Schluss

Regel 11: Hilf Dir mit Odysseus Strategien

Das Leben steckt voller Verführungen, die einen von dem, was man sich im besten eigenen Interesse vorgenommen hatte, abhalten können. Noch nicht erledigte Arbeiten, die Bitte des Chefs, das Rufen eines Kunden, die schwierige Situation eines Kollegen, die eigene Gründlichkeit und Perfektion – all das und vieles mehr kann einen verführen, (wieder) genau das zu tun, was man doch eigentlich nicht tun wollte. Was hier hilft, kann man vom klugen Odysseus lernen.

Odysseus, der mit seinem Schiff an den Sirenen vorbeikam, wusste, dass der Gesang der Sirenen so betörend ist, dass es einen zu den Sirenen hinzieht. Doch das bringt einem den sicheren Tod. Was also tut Odysseus? Er lässt sich an Mast seines Segelschiffes binden, damit er sich nicht bewegen, aber den Gesang der Sirenen hören kann; und er befiehlt seinen Männern, sich Wachs in die Ohren zu stopfen, damit sie den Gesang der Sirenen nicht hören können, während sie das Schiff manövrieren. Der Punkt hier ist: Man muss die Weichen vorher stellen, um der Gefahr zu entgehen. In der Situation selbst wäre es zu spät.

Das sind »Odysseus-Strategien«: Ich brauche im Vorfeld einen klaren Plan, wie ich mit der Verführung umgehen will, um ihr nicht zu erliegen; und diesen Plan gilt es umzusetzen. Eine Coaching-Kundin von mir weiß, dass sie abends immer noch mehr Arbeit findet und so zum Teil bis in die Nacht hinein im Büro sitzt statt, was sie eigentlich zweimal die Woche möchte, ins Fitnessstudio zu gehen. Ihre Odysseus-Strategie: Sie verabredet sich zweimal pro Woche fest mit einer Freundin zu einer bestimmten Uhrzeit fürs Fitnessstudio, und da sie weiß, dass sie diese Freundin nicht versetzen wird, schafft sie es, zur vereinbarten Zeit aus dem Büro zu kommen.

Regel 12: Sei offen für Lernen und Experimente

Vieles ist möglich; mehr als man denkt. Dies gilt auch – zumal in unterschiedlichen Lebenssituationen – für Mittel und Wege, etwas Gutes für die eigene Gesundheit und Balance zu tun. Offen zu sein für Lernen aus eigenen Erfahrungen, aber auch für Lernen von anderen und offen zu sein für Experimente hilft ungemein, noch bessere Mittel und Wege für sich zu entdecken oder bereits vorhandene noch besser für die eigene Balance nutzen zu lernen.

Literaturverzeichnis

Corssen, J., 2004: Der Selbstentwickler. Beustverlag, München

Covey, S. R., 2005: Die 7 Wege zur Effektivität. Prinzipien für persönlichen und beruflichen Erfolg. Gabal Verlag, Offenbach

Frank, G., 2008: Lizenz zum Essen. Warum Ihr Gewicht mehr mit Stress zu tun hat als mit dem, was Sie essen. Piper Verlag, München

Hölscher, S., 2011: Leben mit Drive. Die Entfaltung von Kreativität, Kraft, Leistung und Lust. Junfermann Verlag, Paderborn

Hölscher, S., 2011: Burn-Out. Symptome, Entstehungsbedingungen, Maßnahmen. Erschienen als Skript der Metrion Management Consulting, Frankfurt a.M.

Kaluza, G., 2012: Gelassen und sicher im Stress. Das Stresskompetenz-Buch – Stress erkennen, verstehen, bewältigen. Springer Verlag, Berlin Heidelberg

Matyssek, A.K., 2010: Führung und Gesundheit. Ein praktischer Ratgeber zur Förderung der psychosozialen Gesundheit im Betrieb. Books on Demand, Norderstedt

Mücke, K., 2009 : Probleme sind Lösungen. Systemische Beratung und Psychotherapie. Ein pragmatischer Ansatz. Ökosysteme Verlag, Berlin

Seiwert, L.J. & Tracy, B., 2002: Lifetime-Management. Gabal Verlag, Offenbach

Sonntag, R., 2009: Blitzschnell entspannt: 100 verblüffend leichte Wege stressige Alltagssituationen zu bewältigen. Trias Verlag, Stuttgart

Wilker, J. & Sutherland, W., 2011: Das Einmaleins der Achtsamkeit: Vom sorgsamen Umgang mit alltäglichen Gefühlen. Herder Verlag, Freiburg

Stressmanagement – Erfolg braucht Entspannung

Pia Gaspard

Stress – ein unverzichtbarer Energiebringer für Leistungsträger

Auf die Frage, was »Stress« für sie bedeute, antworten die meisten Menschen: Zeitdruck, Termindruck, ständige Unterbrechungen, zu viel Arbeit, Erschöpfung etc. Man möchte ein Leben ohne Stress führen in der jederzeit ausgeglichenen, oft zitierten Work-Life-Balance – ein verständlicher Wunsch, der eine gesellschaftliche Sehnsucht nach Ruhe und Entspannung ausdrückt. Doch Stress ist, wie bereits Hans Selye, der Vater der Stressforschung, sagte, die »Würze des Lebens«. Selye erkannte, dass Stresshormone uns helfen, unsere Kräfte zu konzentrieren, unsere Grenzen zu erweitern, und damit unsere Leistungsfähigkeit weiterzuentwickeln. Wir brauchen Stress, wenn das Leben interessant sein soll und wir nicht auf der Stelle treten wollen. Entscheidend ist einzig und allein, wie wir mit dem Stress umgehen und wie wir ihn für uns nutzen.

Leistung braucht Stress: physiologische Zusammenhänge

Wir meinen, wir seien heute erfahren, zivilisiert, weiterentwickelt und würden ganz anders reagieren als unsere Vorfahren aus der Steinzeit. Doch weit gefehlt. Unser Körper reagiert immer noch wie vor 2 Millionen Jahren, als wir vor dem berühmten Säbelzahntiger entweder fliehen oder mit ihm kämpfen mussten. Auch heute noch spannt sich unsere Muskulatur an, der Herzschlag wird schneller, der Blutdruck steigt. Aus den Fettreserven wird Zucker ins Blut abgegeben, aus der Muskulatur werden Proteine bereitgestellt, die Schmerzwahrnehmung wird herabgesetzt.

Wieso? Weil unser Körper so in die Lage versetzt wurde, über längere Zeit zu kämpfen, zu fliehen – auch mit Verletzungen, denn das Überleben war wichtiger. So reagiert unser Körper auch heute noch. Dies ist durchaus sinnvoll, wenn ein Auto trotz grüner Fußgängerampel auf uns zurast oder wir uns in einem sportlichen Wettkampf befinden. Diese eigentlich geniale Reaktion unseres Körpers nutzt uns jedoch nur wenig, wenn der ungeliebte Chef uns anbrüllt, im Projekt die Deadline um eine Woche verkürzt wird oder ein Kollege sich krank meldet und wir ihn vertreten müssen. Viel eher bräuchten wir dann einen klaren Kopf und kreative Gedanken, um sinnvolle Lösungen zu finden. Doch diese fallen in der Stresssituation dem Cortisol zum Opfer, ein Hormon, das die Leistung all unserer körperlichen Systeme herabsetzt, die nicht unmittelbar zum Überleben benötigt werden – so wie etwa Verdauungsvorgänge oder komplexes Denken.

Würden wir in dem Moment, in dem der Säbelzahntiger vor uns steht, erst einmal bewusst abwägen, welchen Fluchtweg wir nehmen wollten, endeten wir schnell als leckere Mahlzeit. Intuitive blitzschnelle Reaktionen waren gefragt – und dazu wurde und wird die Steuerung bewusster Vorgänge, wie z. B. komplexe Abwägungen, schlichtweg lahmgelegt. Heute leiden wir darunter – Tausende von Schüler/innen in Prüfungen und viele Mitarbeiter/innen in Unternehmen – was jedoch den wenigsten bewusst ist. Führungskräften ist es oft gar nicht im Bewusstsein, dass zu viel Cortisol im Körper ihrer Mitarbeiter/innen freigesetzt worden sein könnte und sie deshalb für den Moment nicht mehr fähig sind, klar zu denken.

Stellen Sie sich vor, Sie sind Vorgesetzter und mit der gerade abgelieferten Leistung, z. B. einer Projektskizze Ihres Mitarbeiters nicht zufrieden. Da Sie selbst unter Zeitdruck stehen, fangen Sie nicht an, nachzufragen, was dazu geführt hat, dass die Leistung, die Qualität der Projektskizze, nicht so ausfällt, wie Sie es sich wünschen. Vielmehr wenden Sie die altbewährte Methode an, zeigen Ihre Unzufriedenheit (man soll ja jetzt auch im Business Emotionen zeigen), machen Druck, geben die Skizze zurück und verlangen, dass diese gründlich überarbeitet in zwei Tagen wieder auf Ihrem Schreibtisch liegt. Was glauben

Sie, wie klar der Kopf Ihres Mitarbeiters nun arbeiten kann und wie kreativ die Ideen sein werden, die er nun produziert? ... Sie ahnen es schon: Wenn sich der Mitarbeiter Mühe gegeben, aber keinen besseren Ansatz gefunden hatte, sich vielleicht nun nicht unterstützt, sondern unter starkem Druck und überfordert fühlt, ist es nicht unwahrscheinlich, dass sein klares Denken und seine Kreativität der Stresssituation zum Opfer fällt – und damit auch die gute Projektskizze. Stress haben am Ende beide: Der Mitarbeiter und Sie, da die vielleicht dringend benötigte gute Projektskizze immer noch nicht erstellt ist. Ein gesundheitsförderliches Verhalten sieht anders aus. In den meisten Fällen ist ein unterstützendes und entspannendes, aber klare Leitlinien setzendes Gespräch erfolgreicher – und dieser Erfolg fördert dann nicht nur die Gesundheit Ihres Mitarbeiters, sondern auch Ihre eigene.

Doch zurück zu unseren physiologischen Reaktionen im Stress. Heißt dies nun, dass es besser ist, den Stress gänzlich zu vermeiden? Ganz und gar nicht, sagt Gerald Hüther (*Biologie der Angst*, 2011) Bei dauerhaftem, aber nicht überforderndem Stress wird unser Körper mit Stresshormonen überschwemmt und ganz allmählich und ohne dass wir etwas davon merken, lösen sich in unserem Gehirn alte Verschaltungen von Nervenzellen auf, die nun nicht mehr zielführend sind, und neue Verschaltungen können geknüpft werden. Verschaltungen von Nervenzellen sind für unser Erleben gleichbedeutend mit den Wegen, die wir gehen. Erst wenn alte Wege plötzlich ins Nichts führen, sind wir gezwungen, neue Wege einzuschlagen. Nur dadurch, dass wir im Stress gezwungen werden, neue Wege zu finden, können wir uns weiterentwickeln und uns so der sich verändertén Umgebung mit sich veränderten Herausforderungen anpassen. Dosierter Stress ist also eine notwendige Voraussetzung für Weiterentwicklung und diese wiederum ist Voraussetzung für eine dauerhafte Leistungserbringung.

Was wir von den Kraftsportlern lernen können: Das Prinzip der Superkompensation

Na wunderbar, werden Sie denken, her mit dem Stress. Er sichert mir mein Überleben – wo also ist das Problem? Paracelsus würde antworten: Allein die Dosis macht das Gift. Und da wir die Dosis nur in den seltensten Fällen genau steuern können, kommt nun ein zweiter Aspekt ins Spiel: die Entspannung.

Haben Sie das auch schon erlebt? Alle in der Familie waren krank, nur Sie nicht. Sie sind tagtäglich (heraus-)gefordert, meistern Ihre Aufgaben und freuen sich. Doch dann, kaum hat der erste Urlaubstag begonnen, fühlen Sie sich krank und die ersten Urlaubstage sind erst einmal dahin. Was ist passiert?

Ihr Immunsystem lebte ›auf Pump‹, ohne dass Sie das so richtig bemerkten. Das Langzeithormon Cortisol half Ihnen, die Belastung zu bewältigen, Ihre Leistungssysteme gezielt einzusetzen. Schließlich konnten es sich Ihre Vorahnen nicht leisten, auf der Flucht krank zu werden. Kurzfristig regt also der Stress unser Immunsystem an. Doch langfristig wird dieser Schutz wieder zurückgenommen und die vorher unterdrückten Krankheitsursachen gewinnen nun die Oberhand und lösen z. B. einen Infekt aus. Nun holt sich Ihr Körper die Ruhe zurück, die er vorher nicht bekommen hat. Er zwingt Sie zur Ruhe – und zwar tagelang. Das muss so nicht sein. Sie können vorbeugen: mit einer regelmäßigen (Kurz-)Entspannung zwischendurch. Hier können wir von den Kraftsportlern und dem Prinzip der Superkompensation lernen.

Prinzip der Superkompensation

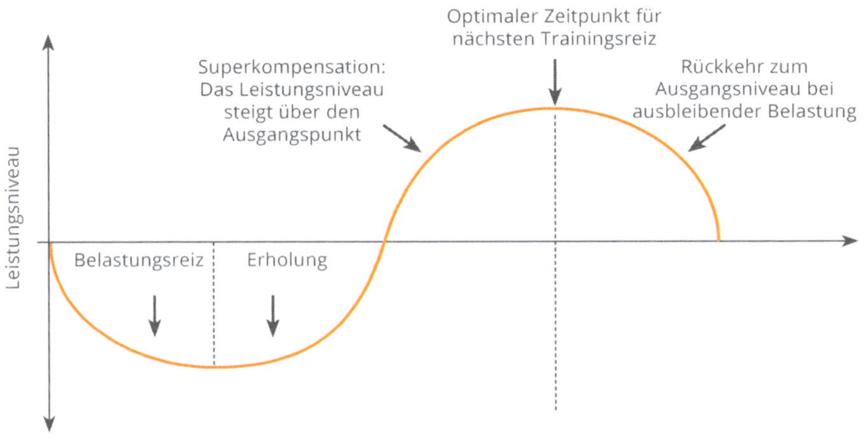

Wer sein Leistungsniveau steigern will, muss trainieren – soweit so gut. Während des Trainings sinkt durch die Belastung kontinuierlich die verbleibende Kraft. Am Ende des Trainings ist der Sportler müde und erschöpft und muss sich erholen. Der Körper regeneriert und wenn man ihm genügend Zeit lässt, steigert er sein Leistungsniveau gegenüber dem Ausgangsniveau. Der Körper rüstet quasi auf, um für neue Belastungen besser gewappnet zu sein. Bleibt diese neue Belastung aus, fällt das Leistungsniveau nach einiger Zeit wieder auf das Ausgangsniveau zurück. Soll also die Leistung gesteigert werden, muss möglichst genau auf dem Höhepunkt des neuen Leistungsniveaus der nächste Trainingsreiz gesetzt werden. Mit der richtigen Mischung aus Anstrengung/Leistung und Erholung steigert der Kraftsportler so seine Leistung. Kein Leistungssportler (zumindest dann nicht, wenn er professionell trainiert) käme auf die Idee, eine Trainingseinheit kurz nach der anderen anzusetzen und zu glauben, er könne so seine Leistung steigern. Belastung und Erholung sind somit eine Einheit, quasi zwei Seiten derselben Medaille und führen nur zusammen zum Erfolg. Im Unternehmenskontext ist uns dieser Zusammenhang in der Regel nicht bewusst. Auch hier wollen wir unsere Leistung steigern, uns weiter entwickeln und müssen tagtäglich Höchstleistung bringen. Dabei meinen wir, dass wir eine Höchstleistung an die andere anknüpfen können und Erholungspausen nicht benötigen.

Erfolg braucht Entspannung: Gesunde und ungesunde Stressmuster

Gesunde Stressmuster zeichnen sich dadurch aus, dass nach einer Phase der Belastung eine Phase der Erholung folgt, bevor wieder eine Phase der Belastung folgen kann. Es geht also nicht darum, in jedem Moment möglichst ausgeglichen und in ständiger Balance zu leben. Es geht vielmehr darum, dass sich die Phasen der Be- und Entlastung abwechseln. Die Phasen können mal länger, mal kürzer, mal stärker und mal weniger ausgeprägt sein. Wichtig ist nur eins – dass es sie gibt. Nur indem wir uns belasten, positive und negative Erfahrungen machen, in der Rückschau und Ruhe das Erlebte verarbeiten und unsere Kräfte wieder sammeln, können wir langfristig produktiv und erfolgreich sein und dabei gesund bleiben.

Gesundes/ungesundes Stressmuster

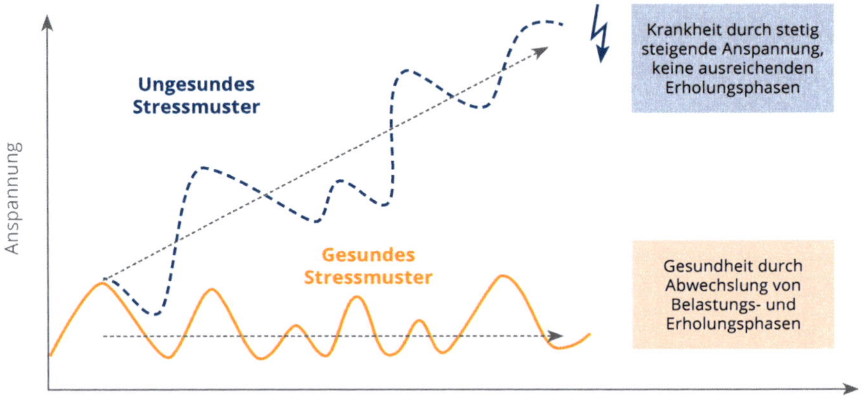

Auch in unserem Berufsleben wird immer mehr Leistung von uns verlangt. In den letzten Jahren mussten wir von normalen Sportlern zu Leistungssportlern werden – doch leider oft ohne Trainer und ohne das Wissen um eine sinnvolle Trainingsgestaltung. Im Berufsleben wird oft nach dem Prinzip »je mehr, desto besser« gelebt bzw. gearbeitet, doch auch hier gilt: »Weniger ist oft mehr«.

Was bedeutet dies nun für Führungskräfte? Zunächst einmal muss jeder, Führungskraft und Mitarbeiter/in, für sich selbst sorgen und lernen, auf die Signale des Körpers zu achten. Wie kraftvoll und energetisch fühle ich mich? Wie gut kann ich mich konzentrieren? Wie viel Spaß macht mir meine Arbeit gerade? Mit welcher Ruhe und Gelassenheit arbeite ich? Innerhalb eines Tages zeigt oft die Lust auf einen Tee oder Kaffee oder die Lust, mal kurz aufzustehen, an, dass eine Minipause angesagt ist. Die Führungskraft braucht somit nicht nur einen guten Kontakt zu sich selbst, sondern auch zum/zur Mitarbeiter/in, damit die Führungskraft auch kleine Veränderungen im Verhalten, in der Stimmung des/der Mitarbeiter/in überhaupt wahrnehmen und ansprechen kann. Bekommt z. B. eine Mitarbeiterin im Projektgeschäft nach einem anspruchsvollen und anstrengenden Projekt ein Projekt, das sie etwas lockerer bewältigen und sich dabei wieder regenerieren kann? Macht die Mitarbeiterin über Monate hinweg Überstunden? Woran liegt es, wenn die Mitarbeiterin ihre Arbeitszeiten nicht einhalten kann? Ist die Arbeitsmenge zu hoch? Ist eine fachliche oder methodische Weiterbildung sinnvoll, weil der Mitarbeiterin die entsprechenden Kompetenzen fehlen? Nimmt sich die Mitarbeiterin immer wieder kleine Minipausen zur Regeneration – oder bleibt sie auch in der Mittagspause mit einem Brötchen in der Hand vor dem PC sitzen?

Das alles kann eine Führungskraft nicht allein erkennen und gar entscheiden. Im Gegenteil: Zunächst ist es Aufgabe des/der Mitarbeiter/in, gesundheitsschädigendes Verhalten bei sich selbst zu erkennen, in eine gesundheitsförderliche Richtung zu verändern und ggf. bei der Führungskraft um Unterstützung zu bitten, wenn er/sie die Veränderungen alleine nicht einleiten kann. Doch wer erkennt schon den Balken im eigenen Auge? Und wer schafft es dann auch noch, sein Verhalten aus eigener Kraft zu ändern? Hier können seitens der Führungskraft Gesprächsangebote sehr hilfreich sein, insbesondere, um eine möglichst für Unternehmen und Mitarbeiter/innen gute Lösung zu erarbeiten.

Dem Stress auf drei Ebenen begegnen

Bei einem aktuellen Stresserleben lassen sich drei Ebenen voneinander unterscheiden:

- Die äußeren belastenden Bedingungen und Situationen, die **Stressoren** genannt werden. (Ebene 1)
- Die körperlichen und psychischen Antworten des Organismus auf diese Belastungen, die als **Stressreaktionen** bezeichnet werden. (Ebene 2)
- **Individuelle Motive, Einstellungen und Bewertungen** (Ebene 3), mit denen das Individuum den potenziell belastenden Situationen begegnet und die häufig entscheidend dafür sind, ob

und wie heftig in diesen Situationen Stressreaktionen auftreten. Diese individuellen Motive, Einstellungen und Bewertungen stellen die Bindeglieder zwischen den äußeren Belastungssituationen (Stressoren) und den Stressreaktionen dar.

Ob und wie sich die Belastungen in Form von alltäglichen Anforderungen, beruflichen Erwartungen bis hin zu kritischen Lebensereignissen auf die Gesundheit und die eigene Leistungsfähigkeit auswirken, hängt neben dem Verhältnis von situativen Anforderungen und subjektiven Reaktionsmöglichkeiten auch stark davon ab, welche Formen der kognitiven Auseinandersetzung mit den Belastungen eingesetzt werden. Viel Arbeit (Ebene 1) kann gesundheitsförderlicher bewältigt werden, wenn immer wieder kleine Pausen gemacht und abends eine Entspannungstechnik ausgeübt wird (Ebene 2). Ebenso kann die Arbeit gesundheitsförderlicher bewältigt werden, wenn sie grundsätzlich Spaß macht und als sinnvoll empfunden wird (Ebene 3) und ein gutes Teamklima herrscht. Umgekehrt wird wenig Arbeit (Ebene 1) schon Stress erzeugen (Ebene 2), wenn es unter den Kolleg/innen immer wieder Konflikte gibt (Ebene 1) und sich Mitarbeiter/innen bei Restrukturierungen wie Schachfiguren auf einem Spielbrett vorkommen (Ebene 3). Alle drei Ebenen sind also stark miteinander vernetzt und beeinflussen sich gegenseitig.

Die Ebene der Stressoren

Wollen Sie Ihren Stress reduzieren, ist es sinnvoll, sich als erstes Gedanken darüber zu machen, was genau Sie unter Stress setzt, was Sie viel Energie kostet. Ist es die Arbeitsmenge, die Sie kaum bewältigen können? Ist es ein Konflikt mit einem Kollegen oder Vorgesetzten, der Sie viel Energie kostet? Ist es der Zeitdruck, unter dem Sie bei bestimmten Aufgaben oder Projekten stehen? Liegt Ihnen die Arbeit oder würde Ihnen eine andere Arbeit mehr Spaß machen und besser zu Ihren Fähigkeiten passen? Ist es das Großraumbüro, in dem für Ihr Empfinden viel zu laut telefoniert wird, so dass Sie sich deshalb nicht mehr konzentrieren können?

Hier analysieren Sie zunächst die äußeren Ursachen, also die Stressoren. In einem zweiten Schritt versuchen Sie dann, diese entweder auszuschalten, zu reduzieren oder durch Erweiterung Ihrer methodischen bzw. fachlichen Kenntnisse zu neutralisieren. Dies gelingt nicht immer. Wer in einem großen Konzern arbeitet, hat oft nur geringe Spielräume, Stressoren zu verändern. In diesem Fall bleibt der Ansatz auf der zweiten und/oder dritten Ebene.

Die Ebene der Stressreaktionen

Sowohl die betroffenen Personen selbst als auch die Unternehmen setzen oft nur auf der Ebene der Stressreaktionen an, um den unangenehmen physiologischen Spannungszustand, der durch Stressgefühle wie Angst, Ärger, Schuld entsteht, positiv zu beeinflussen und dadurch ein besseres Wohlbefinden auszulösen. Mitarbeiter/innen beginnen Sport zu treiben, eine Entspannungstechnik zu erlernen oder gehen einfach mal wieder mit Freunden ein Bier trinken. Unternehmen bieten Business-Yoga oder Bewegungsminipausen an. All diese Maßnahmen können sinnvoll und hilfreich sein, um wieder Energie zurückzubringen. Sie sollten jedoch nicht darüber hinwegtäuschen, dass bei einem Ansatz nur auf der Ebene der Stressreaktionen an der Stress auslösenden Situation selbst nichts geändert ist und die Stressoren höchstwahrscheinlich weiter wirken werden. Durch entspannende Auszeiten gelingt es allerdings, Stress besser zu bewältigen.

Die Ebene der individuellen Motive, Einstellungen und Bewertungen

Oft genug können wir heute an den Stressoren selbst nur wenig ändern, da wir uns der allgemeinen Dynamik, wie z. B. den schneller werdenden Produktzyklen oder den immer wiederkehrenden Umstrukturierungen, die häufig zusätzliche Arbeit verursachen, nicht einfach entziehen können. Entspannungsphasen zwischen Energie raubenden Projekten sind kürzer geworden, Ansprüche an die Qualität und gleichzeitig die Produktivität dafür umso höher. Wird die Arbeit als zu Energie und Zeit raubend empfunden, sind die Maßnahmen auf der Ebene der Stressoren und Stressreaktionen aber schon ausgereizt, so lohnt es sich, die Ebene der individuellen Motive, Einstellungen und Bewertungen anzuschauen.

Auf dieser Ebene geht es darum, sich die individuellen Motive, Einstellungen und Bewertungen, mit denen wir selbst den Stress verstärken, bewusst zu machen, kritisch zu hinterfragen und falls nötig, in förderliche, Stress mindernde Einstellungen zu transformieren. So können Sie sich z. B. fragen: »Sehe ich nur die schwierigen Seiten der Aufgabe oder kann ich mich auch an den kleinen Erfolgen freuen? Sehe ich die Unterstützung meiner Kollegen oder sehe ich nur, wenn diese ihren Beitrag nicht genauso perfekt und früh abgeliefert haben wie ich meinen? Habe ich noch die nötige Distanz zu meiner Arbeit oder bin ich so damit identifiziert, dass meine Stimmung fast nur noch vom Arbeitsverlauf abhängt oder dass kein Weg daran vorbeiführt, dass ich auch an den Wochenenden und im Urlaub erreichbar sein bzw. E-Mails abrufen muss?«

Mit Stress umgehen lernen: Ansatzmöglichkeiten

Ansatzmöglichkeiten auf der Ebene 1: Stresssituationen wahrnehmen und verändern

Lust auf ein Experiment?

Schritt 1: Stellen Sie sich vor, Sie sind auf Ihrem Weg zum Arbeitsplatz. Sie haben sich viel vorgenommen für heute, die Zeit ist knapp und in einer halben Stunde beginnt ein wichtiges Meeting. Natürlich möchten Sie die Zeit vorher noch nutzen, um ein, zwei kleinere Aufgaben zu erledigen. Sie gehen eilenden Schrittes ins Firmengebäude. Sie grüßen Ihre Mitarbeiter/innen und Kolleg/innen kurz und knapp und sind in Gedanken schon bei den anstehenden Aufgaben.

Stehen Sie auf und gehen Sie nun in genau diesem eilenden Schritt 100 m – notfalls einfach auf und ab. Wie fühlt es sich an?

Wie locker oder gespannt sind Ihre Schultern, Ihr Nacken, Ihre Oberschenkel, Ihre Waden? Wie viel Energie verspüren Sie in diesem Moment? Welche Gedanken kommen Ihnen während des Gehens?

Schritt 2: Sie bleiben kurz stehen, atmen tief durch, und gehen dann gemäßigten Schrittes und erhobenen Hauptes mit nach hinten unten gezogenen Schultern wie auf einem roten Teppich wieder die 100 m. Gedanklich gehen Sie in Ruhe zu Ihrem Arbeitsplatz, sehen Ihre Mitarbeiter/innen, grüßen freundlich und in Ruhe, schauen ihnen in die Augen, nehmen wahr, wie Ihre Mitarbeiter/innen Sie anschauen und was dieser Blick ausdrücken könnte und gehen weiter. Beobachten Sie dabei wieder Ihr Befinden, Ihre Muskelspannung, Ihr Energieniveau, Ihre Gedanken. Was verändert sich?

Schritt 3: Versetzen Sie sich in die Lage Ihrer Mitarbeiter/innen, die Sie auf die zwei verschiedenen Arten kommen sehen. Was werden Sie denken? Wie wird es Ihnen gehen? Was wird Ihr Verhalten bei Ihnen ausgelöst haben? Vielleicht hilft es Ihnen, sich vorzustellen, wie es Ihnen geht, wenn Ihr/e Vorgesetzte/r auf diese beiden verschiedenen Arten an Ihnen vorbeigeht.

Wenn es Ihnen so geht wie vielen anderen, dann werden Sie plötzlich feststellen, dass Sie im Arbeitskontext – und oft auch darüber hinaus – mit einer unnötig hohen Muskelspannung und dem berühmten Tunnelblick unterwegs sind. Menschen, denen Sie auf dem Weg begegnen, nehmen Sie dann nicht in ihrer Ganzheit wahr, sondern eher nur flüchtig. Sie wiederum werden von Ihnen eher als vorbeirauschende/r Chef/in denn als Persönlichkeit mit Ausstrahlung wahrgenommen. Haben Sie je die Queen in Eile gesehen? Wahrscheinlich nicht. Ausstrahlung und Präsenz brauchen ein ›Sich-selbst-bewusst-sein‹, ›Sich-immer-wieder-spüren‹ – geistig, körperlich und seelisch.

Dies ist keineswegs gleichbedeutend mit immer ruhig und ausgeglichen sein – auch wenn die Chancen dafür steigen. Vielmehr aber nehmen Sie dann wahr – und interessanterweise nicht nur bei sich selbst sondern oft auch bei Ihrem Gegenüber – ob Sie gerade ruhig oder unruhig sind, zuversichtlich oder entnervt, entspannt oder gestresst. Dies eröffnet Ihnen die Chance zu analysieren, was genau es ist, was Sie stresst. Und je klarer Ihnen das wird, desto klarer werden die Stellhebel, die Sie bedienen können – um die Weichen neu zu stellen. Indem Sie z. B. tief durchatmen und sich dadurch wieder Energie zuführen.

So berichtete z. B. ein Mitarbeiter aus dem Bereich Forschung und Entwicklung, dass die eigentlich interessanten und anregenden Gespräche mit seinem Vorgesetzten bei ihm immer wieder Stress auslösen würden. Bei genauerer Betrachtung stellte sich heraus, dass er einen ideenreichen und kreativen Vorgesetzten hatte und der Mitarbeiter nach einem Gespräch mit ihm nicht mehr wusste, wie er all die Ideen und Aufgaben, die daraus entstanden, bewältigen sollte. Nicht das Gespräch selbst löste Stress bei ihm aus, auch nicht die Aufgaben an sich, sondern der Umstand, dass er nicht wusste, was dies für seine weitere Aufgabenbearbeitung bedeutete. Er fühlte sich überrollt von den vielen Ideen und wusste nicht, wie er die daraus entstehenden Aufgaben in seine Tagesarbeit integrieren sollte, denn in Summe wurde es zu viel. Als ihm dies klar wurde, nahm er zu jedem Gespräch seine Aufgabenliste mit, fügte die neuen Aufgaben hinzu und besprach noch in demselben Gespräch mit dem Vorgesetzten, welche Aufgaben nun Priorität haben und welche der noch bestehenden Aufgaben dafür zukünftig wegfallen sollten. Seitdem kann er die anregenden Gespräche mit seinem Vorgesetzten gelassen führen und sogar selbst vorantreiben.

Ein anderes Beispiel um Stresssituationen wahrzunehmen und zu verändern: Viele Führungskräfte, die zugleich junge Mütter oder Väter sind, empfinden es als sehr schwierig, nach einem anstrengenden Arbeitstag nach Hause zu kommen und gleich für die Kinder da sein zu sollen. Werden Sie sich darüber bewusst, dass es nicht darum geht, dass sie schlechte Mütter oder Väter sind, sondern dass sie sich erst wieder etwas Energie zuführen müssen, um für die Kinder wirklich da sein zu können, gestalten sie ihren Übergang vom Verlassen ihres Büros bis zur Ankunft zu Hause neu. Sie gönnen sich eine kleine Verschnaufpause auf dem Nachhauseweg in Form eines Spazierganges am Waldrand, eines power naps im Auto oder eines Getränks in ihrem Lieblingscafé oder -bistro. Sie haben dann zwar etwas weniger Zeit für die Kinder, sind dafür aber entspannter und damit präsenter. Davon profitieren alle.

Ansatzmöglichkeiten auf der Ebene 2: Energie tanken

Überlegen Sie kurz: Welche Ressource ist der wichtigste und dringendste Rohstoff für unser Überleben? Richtig: die Luft. Doch fragen Sie sich einmal selbst: »Wie oft atme ich bewusst ein und aus? Schätze ich diesen Rohstoff, den uns die Atmosphäre kostenlos zur Verfügung stellt – oder benutze ich ihn eher nach der Devise: Was nichts kostet, ist nichts?

Richtig zu atmen ist ein einfacher und sehr wirkungsvoller Weg, um sowohl die Stressreaktion in der jeweiligen Situation zu mildern, als auch langfristig gelassener zu werden und sich von der allgemeinen Hektik des Alltags nicht anstecken zu lassen. Tiefe Atemzüge senden das Signal ans Gehirn, dass keine Stresshormone mehr ausgeschüttet werden müssen und setzen dadurch eine Entspannungsreaktion in Gang. Doch tiefe Atmung heißt auch, umzuschalten von der Brustatmung, zu der Menschen in angespannten Situationen neigen, zur Bauchatmung. Lehnen Sie sich kurz zurück in Ihrem Bürostuhl und beobachten Sie Ihren Körper beim Atmen. Was genau bewegt sich? Wie verhalten sich der Bauch, das Zwerchfell, die Brust und die Schultern, während der Atem fließt? Wie schnell oder langsam atmen Sie ein und aus? Ändern Sie nichts willentlich, beobachten Sie nur.

Legen Sie nun in einem zweiten Schritt eine Hand auf den Bauch, die andere auf die Brust. Stellen Sie sich nun vor, Sie müssten einen Luftballon in Ihrem Bauch aufblasen und atmen Sie nun durch die Nase tief in den Bauch hinein. Wenn Sie diese Art der Atmung korrekt ausführen, hebt sich die Hand auf Ihrem Bauch, die auf der Brust bleibt still liegen. Und nun atmen Sie alle Luft vollständig aus, so dass sich die Hand auf dem Bauch wieder senkt und sich der Bauch ein Stück nach innen zieht.

Täglich 10 – 20 Minuten bewusst tief in den Bauch zu atmen, harmonisiert den gesamten Stoffwechsel unseres Körpers. Es lässt uns tiefer schlafen, entlastet das Herz und stärkt das Ausscheidungssystem. Tiefes Atmen führt unserem Körper Kraft und Energie zu, es bringt Körper und Seele wieder in Balance. Wenn solch bewusstes Atmen oft genug und beharrlich ausgeführt wird, gestaltet es sich für den Körper zur unbewussten Gewohnheit. Nutzen Sie die Fahrt in der S-Bahn, im Bus oder im Zug, nutzen Sie die Warteschlange an der Supermarktkasse aber auch die Mittagspause – sei es am Schreibtisch oder auf der Parkbank um die Ecke bei schönem Wetter. Es gibt viele Gelegenheiten – man muss sie nur nutzen. Und als Führungskraft heißt es hier, Vorbild zu sein: »Was denke und was sage ich, wenn ich einen Mitarbeiter sehe, der am Schreibtisch sitzt und gerade in diesem Moment die Augen zu hat oder ins Leere blickt? Unterstütze ich solche Minipausen oder mache ich eine Bemerkung, die vielleicht ›witzig‹ gemeint ist, einen Mitarbeiter aber eher verunsichert?« Untersuchungen zufolge unterliegt unser Körper einem 90 – 120 Minuten Ruhe-Aktivitäts-Zyklus (90 – 120 Minuten Aktivität und 15 – 20 Minuten Ruhe) – sowohl in der Nacht als auch am Tag. Dieser Zyklus, genannt »basic rest activity cycle« (Basaler Ruhe-Aktivitäts-Zyklus) wurde zunächst in der Traum- und Schlafforschung entdeckt und konnte bald auch im Tagesverlauf nachgewiesen werden, wenn auch nicht in der Stärke wie nachts (Rossi 2001, 20 Minuten Pause). Die Untersuchungen zeigen, dass die Menschen dann langfristig gesund bleiben, wenn sie ihren ultra-meridianen Rhythmen folgen und alle 1,5 – 2 Stunden eine kurze Erholungspause von 15 – 20 Minuten machen. Diese muss nicht immer aus Entspannungsübungen bestehen, sie kann auch daraus bestehen, sich einen Tee zu holen, sich mit den Kollegen zu unterhalten oder auch einfach Routineaufgaben zu erledigen, für die nicht viel Energie aufgewandt werden muss. Als Führungskraft sollten Sie dieser Rhythmisierung zum einen selbst folgen und zum anderen Ihre Mitarbeiter/innen darin unterstützen – vielleicht auch mit einer für die Abteilung geplanten Bewegungspause, die zudem auch noch die gute Laune und das Gemeinschaftsgefühl fördert – zumindest dann, wenn die Hemmschwelle überwunden ist ...

Energie können Sie also schon mit einem bewussten Atemzug tanken, denn jede kleinste, bewusste Veränderung ist eine Musterunterbrechung und eröffnet neue Wege. Eine gezielte, sehr wirkungsvolle und einfach erlernbare Entspannungsmethode ist die progressive Muskelrelaxation (PMR).

Bei der progressiven Muskelrelaxation nach Jacobson wird durch die willentliche und bewusste An- und Entspannung bestimmter Muskelgruppen ein Zustand tiefer Entspannung des ganzen Körpers erreicht. Diese Entspannungsform kann sowohl zu Hause mit etwas mehr Zeit oder eben direkt am Arbeitsplatz angewandt werden. Sie ist von außen praktisch unsichtbar und kann auch in schicken taillierten Anzügen oder Kostümen durchgeführt werden. Im Groben sieht der Ablauf so aus:

Sie spannen den jeweiligen Muskel an (z. B. Hand zur Faust ballen) und halten die Spannung für ca. 5 Sekunden. Dann lassen Sie die Spannung los und achten nun auf die Entspannung, die der Anspannung folgt. Die Entspannung sollte ca. 25 Sekunden dauern. Wichtig ist nicht, den Muskel möglichst stark anzuspannen sondern lediglich den Unterschied zwischen der Spannung und der Entspannung wahrzunehmen. So gehen Sie Muskel für Muskel bzw. Muskelgruppe für Muskelgruppe durch Ihren Körper: Oberarm, Wadenmuskeln, Oberschenkelmuskulatur, Bauch, Rücken, Schulter, Kiefer, Nase, Augen.

Die progressive Muskelrelaxation eignet sich besonders für den Businesskontext, da sie sehr effektiv, leicht zu erlernen und den unterschiedlichen Zeitfenstern gut angepasst werden kann, indem z. B. nur die besonders verspannten Muskeln bearbeitet werden oder statt einem Muskel nach dem anderen mehrere Muskeln gleichzeitig durchgegangen werden. Dazu braucht es jedoch etwas Übung und Erfahrung.

Zu Beginn eignet sich am besten ein Basiskurs bei einem Anbieter in Ihrer Nähe. Große und zunehmend auch mittelständische Unternehmen bieten solche Kurse auch oft unternehmensintern für ihre Mitarbeiter/innen an. Nicht in Ihrem Unternehmen? Dann schlagen Sie es der Personalabteilung vor!

Doch denken Sie daran: Übung macht den Meister. Das gilt bei Entspannungsübungen genauso wie beim Sport. Je öfter Sie üben, desto schneller können Sie entspannen und desto gestärkter und ausgeruhter fühlen Sie sich nach dem Üben.

Ansatzmöglichkeiten auf der Ebene 3: Förderliche Einstellungen entwickeln

Stresssituationen müssen nicht automatisch zu einer Stressreaktion führen, sonst würden alle Menschen auf alle Stresssituationen gleich reagieren und dies ist nicht der Fall. Was den einen nachts schlecht schlafen lässt, z. B. eine Präsentation im Vorstandskreis oder eine Reise in ein völlig fremdes Land, lässt den anderen (fast) kalt. Ein ausschlaggebender Faktor für das Zustandekommen von Stress ist offenbar die Tatsache, wie ich die Situation bewerte, wie ich eine Situation interpretiere – nämlich als unangenehme, schwer oder gar nicht zu kontrollierende, für mich aber bedeutsame Situation oder als eine herausfordernde aber kontrollierbare Situation, die wahrscheinlich gut ausgehen wird.

Um Stress erhöhende Einstellungen zu hinterfragen und auf förderliche Gedanken zu kommen, ist es hilfreich, einen Freund, einen Kollegen oder einen Coach als Sparringspartner hinzuzunehmen. Vorgesetzte können auch gut und relativ schnell lernen, in dieser Form ihre Mitarbeiter/innen zu coachen. Hierzu haben sich folgende Fragen bewährt:

Rollentausch

Versetzen Sie sich in Gedanken in eine andere Person: Kennen Sie eine/n Freund/in oder eine/n Kollegen/in, der/die in diesen Situationen gelassener bleiben kann? Wenn ja, was würde die Person Ihnen raten? Was würde sie selbst tun? Was würde sie vielleicht zu sich selbst sagen? Gehen Sie in Gedanken ihre Ratschläge durch und überlegen Sie sich – oder besser spüren Sie nach, welche der Argumente Sie ansprechen und welche neue Einstellung Sie sich in den nächsten Tagen oder Wochen immer mal wieder vor Augen halten wollen. Beobachten Sie, was sich für Sie mit der neuen Einstellung verändert.

Sie können die Situation in Gedanken auch umkehren: Angenommen ein/e Freund/in wäre in der Situation, in der Sie sich jetzt befinden. Was würden Sie ihm/ihr raten?

Rollentausch mit Zeitdimension

Wenn Sie einen guten Kontakt zu Ihrer Großmutter oder Ihrem Großvater hatten, eignen sich folgende Fragen: Was würde er/sie zu der Situation sagen? Wahrscheinlich haben diese zwar nie diesen permanenten Termin-/und Zeitdruck erlebt – aber sie haben einen oder sogar zwei Kriege überlebt. Wer ihnen, wenn auch nur innerlich, in Ruhe zuhört und die Antworten auf seine Situation übersetzt, wird einige Anregungen bekommen.

Doch auch Sie selbst können sich in ein fortgeschrittenes Alter »beamen« und sich fragen: Wie werde ich später, in 10 Jahren, also rückblickend über meine jetzige Situation denken?

Was werde ich in 10 Jahren noch über die Präsentation oder die Reise in das fremde Land denken? Wie präsent, wie wichtig wird sie dann noch sein? Viele Stressgedanken werden sich relativieren und eine Beruhigung wird eintreten.

Entkatastrophisieren

Gleichzeitig lohnt es sich aber auch, darüber nachzudenken, was denn schlimmstenfalls passieren könnte, wie schlimm das wirklich wäre und wie hoch die Wahrscheinlichkeit des Eintritts dieses Falles wäre. Meist kommt man zu der Feststellung, dass es so schlimm gar nicht wäre. Ist z. B. eine Ergebnispräsentation eines Projektes vor der Geschäftsführung ganz schlecht gelaufen, ist im schlimmsten Fall der Geschäftsführer so entsetzt, dass er dem/der Projektmanager/in zunächst kein anspruchsvolles Projekt mehr zutraut und ihn/sie vielleicht sogar im Auge behält, um Gründe für Abmahnungen und eine Kündigung zu sammeln. Doch: Wie wahrscheinlich wird das sein? Wenn der/die Projektmanager/in bisher gute Arbeit geleistet hat, kann die Beobachtung durch den Geschäftsführer sogar eine Chance sein, seine/ihre Kompetenzen zu beweisen. Eine förderliche Einstellung in Bezug auf den Geschäftsführer wird also sein: »Der Geschäftsführer hat Interesse daran, bisher gute Mitarbeiter zu fördern, ihnen Weiterentwicklungsmöglichkeiten zu bieten und ist zumindest so erfahren, dass er weiß, dass ein Projekt auch mal schlecht laufen kann. Selbst wenn er es auf fehlende Kompetenzen von mir zurückführt, wird er ein Interesse daran haben, mir Gelegenheit zu bieten, diese Kompetenz aufzubauen.«

Fokus auf Kompetenzen und Ressourcen

Immer wieder vergessen Menschen, wie viele schwierige Situationen sie schon gemeistert haben. Und das, weil im Nachhinein betrachtet alles nur halb so schwierig war und sie sich die Kompetenzen und Fähigkeiten zur Bewältigung der Situation nie bewusst gemacht haben. Die beschriebene Relativierung durch die Zeit greift hier schon, leider unbewusst und nicht in förderlicher Form. Was heißt dies für die Zukunft? Es lohnt sich, sich immer wieder – möglichst sogar täglich – zu notieren, welche Erfolge Sie tagsüber erzielt haben und welche Ihrer Fähigkeiten Ihnen dabei geholfen haben. Sie konzentrieren sich damit ganz bewusst auf Ihre Kompetenzen, auf Ihre Ressourcen. Dies setzt eine Positivspirale in Gang: Ihnen werden die in der jeweiligen Situation gezeigten Kompetenzen und Ressourcen bewusst. Sie gewinnen daraus Gelassenheit, Mut und Selbstsicherheit, auch die zukünftig anstehende Herausforderung zu meistern. Mit dem Erfolg wächst Ihre Zuversicht, weitere Schwierigkeiten bewältigen zu können, was dazu führt, dass Sie weitere (vermeintliche) Probleme gelassener annehmen. Auch wenn im Ergebnis nicht alles immer gut läuft, schauen Sie bevorzugt auf das, was Ihnen gut gelungen ist, was Sie wiederum motiviert und entspannt. In diesem ganzen Prozess machen Sie nicht nur immer wieder neue Erfahrungen, entwickeln Ihre Fähigkeiten weiter und können sich an den Erfolgen freuen, sondern bleiben gleichzeitig auch in einem gesunden Stressmuster von Spannung und Entspannung. Untersuchungen zeigen, dass Personen mit einem starken Glauben an die eigene Kompetenz eine höhere Ausdauer bei der Bewältigung von Aufgaben und mehr Erfolge im Berufsleben aufweisen. Diese Kompetenz ist nicht Gott gegeben, sie kann gezielt entwickelt werden.

Um nun für sich die erarbeiteten, Stress mindernden Einstellungen zu stabilisieren, sollten Sie oder Ihr/e Mitarbeiter/in sich diese in möglichst kurzen Sätzen notieren und immer wieder vor Augen führen. Die Einstellungen können z. B. lauten: »Ich schaffe das in meinem Tempo – Schritt für Schritt« oder »Ich habe im Projekt X bewiesen, dass ich die Fähigkeiten YZ habe. Mit meinen Fähigkeiten YZ schaffe ich auch dieses Projekt sehr gut« oder auch einfach nur: »Ich bin gut in ... Das hilft mir auch jetzt!«

Sehr hilfreich kann auch sein, sich ein Foto oder eine Postkarte passend zu dieser Einstellung zu suchen und dieses Bild, möglichst mit Ihrer neuen Einstellung untertitelt, sichtbar aufzustellen, aufzuhängen oder z. B. als Hintergrundbild auf das Smartphone zu kopieren. Hier gilt: Je öfter, desto besser. Je vielfältiger, desto besser. Auch wenn Sie den Eindruck haben, dass Sie das Bild oder den Satz nach drei Wochen gar nicht mehr wahrnehmen, so können Sie beruhigt sein: Ihr Unterbewusstsein wird trotzdem davon beeinflusst.

Sie haben nun drei Ebenen und dazu passende Methoden kennengelernt, um dem Stress zu begegnen. Es sind keine Rezepte, denn die gibt es im Stressmanagement leider nicht. Es sind Anregungen, zu beobachten und verstärkt wahrzunehmen, was Sie denken, was sie fühlen und wie sie handeln. Denken, Fühlen und Handeln sind eng miteinander verbunden. Verändern Sie Ihr Denken, hat dies Auswirkungen auf Ihr Handeln und Fühlen: Eine veränderte Einstellung lässt Sie vielleicht gelassener reagieren und sich wohler fühlen. Verändern Sie Ihr Handeln, dann hat das Auswirkungen auf Ihr Denken und Fühlen: Gönnen Sie sich z. B. kleine Atempausen während des Tages, kommen Ihnen vielleicht kreativere Gedanken und Ihre Laune steigt.

Die vorgestellten Methoden sind kleine aber wirksame Interventionen, die besonders dann ihre Wirkung entfalten, wenn sie nicht nur einmalig sondern kontinuierlich angewendet werden. Auch hier zählt das alte Sprichwort: »Übung macht den Meister«. Doch Sie brauchen nicht allein zu üben. Üben Sie zusammen mit anderen: Kolleg/innen, Mitarbeiter/innen, Ihren Freunden und Bekannten etc. Erinnern Sie sich gegenseitig an die veränderte Einstellung, an die Atempause, an ein Mittagessen in Ruhe. Bleiben Sie neugierig und kreativ: Probieren Sie aus, was am besten passt. Je spielerischer Sie es angehen, desto mehr Freude können Sie entwickeln, desto eher halten Sie durch und desto entspannter und erfolgreicher werden Sie. Und Erfolg braucht ja schließlich Entspannung ...!

Literaturverzeichnis

Frank, G., Storch, M., 2010: Die Manana-Kompetenz. Piper Verlag, München

Gladwell M., 2005: Blink! Die Macht des Moments. Campus Verlag, Frankfurt/New York

Hüther, G., 2011: Biologie der Angst. Wie aus Stress Gefühle werden. Vandenhoeck & Ruprecht, Göttingen

Kaluza, G., 2004: Stressbewältigung – Trainingsmanual zur psychologischen Gesundheitsförderung, Springer Verlag, Berlin Heidelberg

Rossi, E. L., 2001: 20 Minuten Pause: Wie Sie seelischen und körperlichen Zusammenbruch verhindern können. Junfermann Verlag, Paderborn

Entspannungsverfahren im Berufsalltag

Corinna Armbrüster, Stefan Hölscher, Pia Gaspard, Petra Homberg

»Jetzt entspannen Sie sich einfach mal!…« Wenn es doch so leicht wäre, aus dem Berufsalltag mit all seinen Anforderungen und Eindrücken zu sich zu finden, zur Ruhe zu kommen und zu entspannen.

Um den Entspannungsprozess zu unterstützen, gibt es verschiedene etablierte Methoden und Ansätze. Die Bandbreite ist riesig und Sie haben bestimmt von dem einen oder anderen Verfahren schon einmal gehört oder es sogar ausprobiert. Vielleicht nutzen Sie sogar regelmäßig ein Entspannungsverfahren für sich, haben aber Interesse, noch andere Ansatzpunkte kennenzulernen. In diesem Beitrag stellen wir Ihnen die wichtigsten Verfahren vor, so dass Sie Bekanntes auffrischen oder Neues erproben können. Neben den notwendigen Informationen, um in die Technik ›hineinzuschnuppern‹ erhalten Sie einen kurzen Einblick in den Ursprung jedes Verfahrens.

Grundsätzlich gilt auch beim Thema Entspannung: Prävention beugt einem Feuerwehreinsatz in letzter Minute vor. Zur Prophylaxe von stressbedingten Erkrankungen hilft es, seine persönliche Entspannungsmethode zu finden und zu praktizieren. Bewusst und eigenständig zur eigenen Entspannung beitragen zu können, stärkt das Wohlbefinden und ist in belastenden Situationen Gold wert.

Der Atem – unser ständiger Begleiter

»Atmen Sie tief durch.«

Atmen ist mehr als dem Körper einfach nur Luft zuzuführen. Mit ökonomischer Atmung können wir dem Körper Kraft und Energie zufügen, wobei wir durch unökonomische Atmung unser Energieniveau und damit auch unsere Leistungsfähigkeit senken.

Der Atem begleitet uns unser ganzes Leben lang, ist uns eine wichtige Lebensquelle. So wie der Herzschlag oder auch die Verdauung läuft Atmen automatisch ab. Anders als Verdauung und Herzschlag können wir die Atmung aber in Grenzen steuern; indirekt können wir sogar die Herzfrequenz beeinflussen. Anspannung und Stress sind meist mit Herzklopfen und schnellen, flachen Atemzügen verbunden. Genau genommen ist es unmöglich, einerseits ruhig und entspannt zu atmen und andererseits gleichzeitig aufgeregt zu sein. Über unsere Art der Atmung wird der Körper entspannt oder angespannt. Diese Zusammenhänge können wir nutzen, um unseren Organismus durch gezieltes ruhiges Atmen in einen entspannteren Zustand zu versetzen und damit auch unsere psychische Befindlichkeit zu erhöhen.

Wussten Sie, dass ...

- Sie mit einem langsamen tiefen Atemzug 6 – 10-mal mehr Luft aufnehmen als mit einem normalen flachen Atemzug?
- Sie den Reinigungsprozess Ihres Lymphsystems durch bewusstes und tiefes Atmen um mehr als das Zehnfache beschleunigen können?
- Sie sich mit jedem Atemzug nicht einfach nur Luft zuführen, sondern sich mit Kraft und Energie erfüllen können?

Lehnen Sie sich kurz zurück in Ihrem Bürostuhl und beobachten Sie Ihren Körper beim Atmen. Was genau bewegt sich? Wie verhalten sich der Bauch, das Zwerchfell, die Brust und die Schultern, während der Atem fließt? Wie schnell oder langsam atmen Sie ein und aus? Ändern Sie nichts willentlich, beobachten Sie nur.

Etwa zwei Drittel der Menschen atmen unökonomisch. Sie ziehen beim Einatmen den Bauch ein und die Schultern hoch, beim Ausatmen drücken Sie den Bauch heraus. Sie atmen flach in den oberen Brustraum hinein und haben eine hohe Atemfrequenz. Hinzu kommt, dass die meisten Menschen in Aufregungs- und Stresssituationen nicht lange genug ausatmen, bevor sie wieder einatmen, so dass CO_2/Kohlendioxid und eventuelle Giftstoffe nicht ausreichend abgeatmet werden, sich in der Lunge stauen und ins Blut abgedrängt werden. Diese Abdrängung ins Blut bewirkt eine kleine, vorübergehende Vergiftung, die uns unruhig und kraftlos werden lässt. Erst eine vollständige Ausatmung ermöglicht uns eine intensive Einatmung. Wer also tagsüber in Anspannung arbeitet und zu flach und nicht vollständig ausatmet, erleidet schnell eine CO_2- Überversorgung und eine O2-Unterversorgung des Körpers, die sich in Kopfschmerzen, Kreislaufproblemen und Konzentrationsschwächen äußern kann.

Ökonomisch zu atmen bedeutet, langsam und tief in den Bauch hineinzuatmen, und langsam und vollständig auszuatmen. Dabei sollte möglichst immer durch die Nase eingeatmet werden. Wenn Sie die Luft bei geschlossenem Mund ›einschnüffeln‹ (also schnuppern, riechen), unterstützen Sie automatisch die gesündere Bauchatmung. Zudem vermittelt das Einatmen durch die Nase das Gefühl, ganz durchatmen zu können. Probieren Sie es aus – wenn Sie mögen, unterstreichen Sie das Einschnüffeln mit einem natürlichen angenehmen Duft, z. B. von einer Zitrone, einer Orange oder von zerriebenen Kräuterblättern wie Basilikum, Thymian oder Lavendel.

Täglich 10 – 20 Minuten bewusst tief in den Bauch zu atmen, harmonisiert den gesamten Stoffwechsel unseres Körpers. Es lässt uns tiefer schlafen, entlastet das Herz und stärkt das gesamte Ausscheidungssystem. Es führt unserem Körper Kraft und Energie zu, bringt Körper und Seele wieder in Balance. Wenn diese bewusste Atmung oft genug und beharrlich ausgeführt wird, wird sie für unseren Körper zur unbewussten Gewohnheit. Probieren Sie es aus:

Beruhigende Atemtechniken

- **Bauchatmung**

Setzen Sie sich entspannt hin. Legen Sie eine Hand auf Ihren Bauch. Atmen Sie bewusst – aber ohne Anstrengung – in den Bauch ein und dann wieder vollständig aus. Spüren Sie, wie sich Ihre Bauchdecke beim Einatmen hebt und beim Ausatmen senkt. Wenn es Ihnen schwerfällt, in den Bauch zu atmen, unterstützen Sie diesen Prozess, indem Sie Ihren Bauch leicht aktiv mit dem Atemrhythmus bewe-

gen. Nach etwa zwei bis drei Minuten spüren Sie, wie Sie ruhiger werden.

Die Bauchatmung ist eine Art Grundlage oder auch Grundhaltung: Bemerken Sie, dass sich Ihr Magen ›zusammenzieht‹ und es unangenehm wird – richten Sie Ihre Aufmerksamkeit auf Ihren Atem, um ruhiger zu bleiben.

Für noch tiefere Entspannung gehen Sie dazu über, den Atem sanft zu beeinflussen:

- **Die Steigerungsatmung**

Setzen oder stellen Sie sich entspannt hin. Wie bei der Bauchatmung beobachten Sie zunächst, wie Bauchdecke und Atemfluss zusammenspielen.

Versuchen Sie nun, bei den folgenden 10 – 15 Atemzügen jeweils ein kleines bisschen tiefer auszuatmen als beim vorherigen Atemzug. Mit Leichtigkeit und ganz ohne Anstrengung verlängern sich so Ihre Atemzyklen. Bemerken Sie, wie Ruhe in Ihren Körper einkehrt und Ihr Atem deutlich tiefer geworden ist.

- **Wechselseitiges Atmen durch ein Nasenloch**

Die Wechselatmung hilft, sich zu fokussieren und durch das wechselseitige Aktivieren Ihrer Körper- und Gehirnhälften Ihr inneres Gleichgewicht zu stärken.

Setzen Sie sich entspannt hin. Schließen Sie mit dem Daumen der rechten Hand Ihr rechtes Nasenloch. Atmen Sie jetzt durch das freie linke Nasenloch zunächst aus und dann wieder ein. Dann lösen Sie den Daumen und verschließen dafür mit dem Ringfinger der rechten Hand das linke Nasenloch. Atmen Sie rechts aus und wieder ein. Jetzt geben Sie wieder das linke Nasenloch frei und verschließen dafür mit dem Daumen das rechte. So wechseln Sie jeweils für einen Atemzug die Nasenlöcher, indem Sie sie mit Ihren Fingern abwechselnd verschließen. Machen Sie das etwa zwei bis fünf Minuten lang.

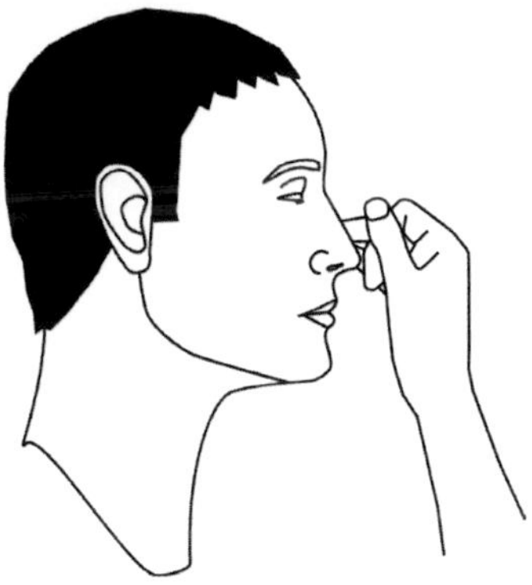

Um im Büroalltag zwischendurch etwas Energie zu tanken, eignet sich die Wechselatmung besonders; sie hilft, die Bauchatmung zu erspüren, die Lendenwirbelsäule zu entspannen und insbesondere bei sitzender Bürotätigkeit Haltungsschäden im unteren Wirbelbereich entgegenzuwirken.

- **Energie-Atemübung**

Stellen Sie sich aufrecht hin, Ihre Füße stehen hüftbreit auseinander. Atmen Sie zunächst einige Male zur Entspannung bewusst und tief in Ihre untere Bauchregion. Atmen Sie dabei durch Ihre Nase ein. Spüren Sie, wie sich der Bauch beim Einatmen nach außen wölbt. Legen Sie nun ihre Hände auf ihren unteren Rücken im Bereich der Nieren. Die Daumen zeigen dabei nach vorne, die Fingerspitzen auf die Wirbelsäule. Spüren Sie, wie sich mit jedem Atemzug nicht nur der Bauch sondern auch Ihr unterer Lendenwirbelbereich mehr und mehr nach außen wölbt. Atmen Sie so einige Minuten ein und aus, spüren Sie dabei immer bewusster, wie der Atem und die Bewegungen in ihrem Inneren den unteren Lendenwirbelbereich angenehm dehnen und massieren.

Wenn Sie die wichtigste Quelle Ihrer Lebensenergie nutzen und sich mit Kraft und Energie erfüllen möchten, dann atmen Sie bewusst und tief in den Bauch ein und langsam vollständig wieder aus. Mehrmals am Tag, mehrere Minuten – vielleicht in Form der oben beschriebenen Übungen – vielleicht auch einfach ›nur so‹. Es ist eine Investition, die sich lohnt.

Entspannung durch Muskellockerung

»Locker lassen!«

Oft merken wir erst nach dem Meeting auf dem Weg zurück ins Büro oder auf dem Weg nach Hause, dass sich unser Körper angespannt hat. Wer konzentriert ein paar Stunden vor dem Bildschirm sitzt, hat häufig Schwierigkeiten, im Anschluss die Muskeln und Gliedmaßen wieder ›auseinanderzufalten‹. Empfinden wir Stress, spannen wir oft unbemerkt Muskeln an, wodurch sich Verspannungen bilden können. Sind wir wiederum über einen längeren Zeitraum in ein und derselben Haltung, besteht die Gefahr, dass Muskeln verkürzen oder erschlaffen.

Die hier vorgestellten Übungen zur Muskellockerung helfen, im Büroalltag unkompliziert belastete Muskelgruppen zu entspannen. Sie fühlen sich dadurch wieder fitter und vielleicht auch wacher. Schon ein bis drei Minuten Lockerung können helfen, dass sich die Muskeln freier anfühlen und sich die Konzentrations- und Denkfähigkeit verbessert; die vermehrte Sauerstoffversorgung von Lunge, Herz und Gehirn hilft dabei. Nutzen Sie kleine Pausen aktiv, um eine Wirkung zu erzielen.

- **Lockerung der Schulter- und Nackenpartie**

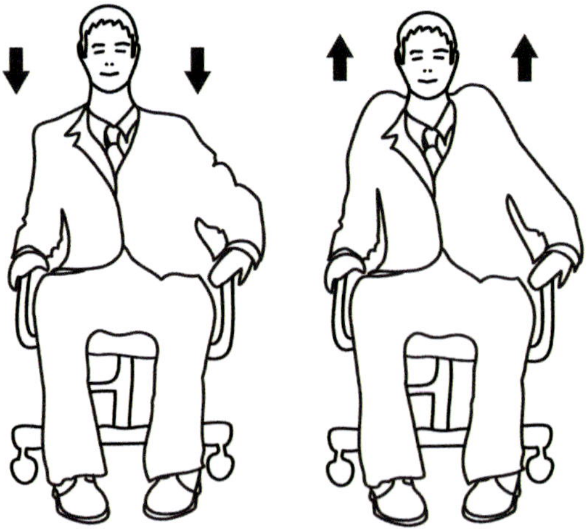

Diese Übungen lösen Verspannungen und ›machen den Kopf frei‹. Besonders die Schulter- und Nackenpartie ist bei Bildschirm-Arbeitsplätzen schnell verspannt. Setzen Sie sich für die Übung entspannt hin und atmen Sie ruhig und normal. Ziehen Sie beim Einatmen die Schultern hoch zu den Ohren. Beim Ausatmen lassen Sie die Schultern wieder entspannt nach unten sinken. Achten Sie auf eine gerade Wirbelsäule. Dauer: ein bis drei Minuten.

- **Kopf drehen**

Die sanften Bewegungen des Kopfes lösen Verspannungen im Nackenbereich.

Setzen Sie sich aufrecht hin. Schieben Sie Ihr Brustbein nach vorne, oben und strecken Sie Ihren Nacken lang zur Decke. Die Hände ziehen die Armlehne oder die Sitzfläche nach oben, um Spannung in den Armen aufzubauen. Einatmen in der Mitte, beim Ausatmen abwechselnd zur rechten und zur linken Schulter schauen: 3-mal auf jeder Seite.

- **Lockerung von Kopf bis Fuß**

Durch Stemmen der Ellenbogen erreichen Sie Entspannung im Bereich der Brustwirbelsäule.

Drücken Sie dazu mit beiden Ellenbogen gegen die Rücklehne und schieben dabei den Oberkörper nach vorne oben. Ziehen Sie die Schultern weg von den Ohren und strecken Sie den Nacken lang zu Decke. 3 – 5-mal wiederholen.

Mit der Streckung entlasten Sie die Wirbelgelenke und Bandscheiben.

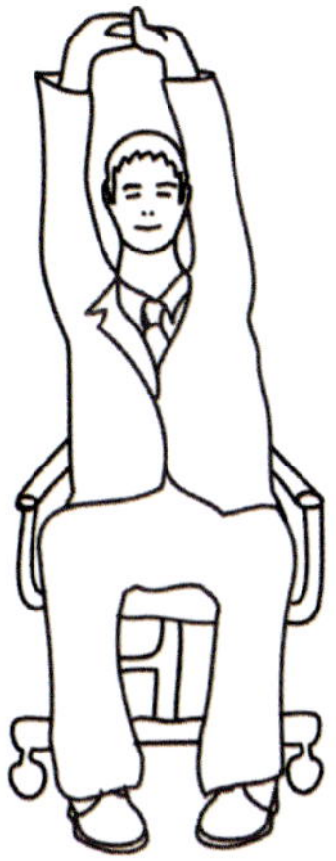

Strecken Sie die gefalteten Hände über den Kopf und drehen Sie die Handinnenflächen nach oben. Achten Sie darauf, dass Ihre Schultern entspannt unten bleiben. Synchron mit der Atmung wechseln Sie nun das Strecken und Absenken der Arme: Einatmen und Ausstrecken der Arme; Ausatmen und Absenken der Arme. 3 – 5-mal wiederholen.

Die aufrechte Verneigung streckt Ihre Lendenwirbelsäule und dehnt die hintere Beinmuskulatur.
Setzen Sie sich auf die Stuhlkante und strecken Sie ein Bein nach vorne aus. Die Sitzfläche ziehen Sie mit beiden Händen zu sich hoch, um Spannung in den Armen aufzubauen. Den gestreckten Oberköper neigen Sie leicht nach vorne. 10 – 20 Sek. halten und dann mit dem anderen Bein wiederholen.

Die Hängematten-Haltung entlastet Ihre Wirbelsäule und innere Organe.
Diese Übung ist eine Kurz-Auszeit: Verschränken Sie die Hände am Hinterkopf und lehnen Sie sich weit zurück. Ihr gesamter Rücken sollte möglichst von der Rückenlehne abgestützt sein. Kreuzen Sie einen Fuß auf dem anderen zu einer ›4‹ und lassen Sie den Oberschenkel locker nach außen fallen. Massieren Sie mit Ihren Daumen den Nacken mit kleinen, kreisenden Bewegungen. Wechseln Sie nach zwei Minuten das Bein.

- **Für den Arm**

Strecken Sie den rechten Arm aus, umfassen Sie die rechte Hand mit der linken und biegen Sie die rechte Hand nun langsam und vorsichtig nach unten. 20 Sek. halten und dann die Seite wechseln.

- **Für die Schulter**

Stellen Sie sich seitlich zur Wand und lehnen Sie den angewinkelten rechten Arm an die Wand. Den Oberkörper neigen Sie dabei leicht nach vorne. 20 Sek. halten und dann die Seite wechseln.

- **Für die Hand**

Einige Male eine Faust machen und die Hand dann wieder öffnen.

Dies ist nur eine kleine Auswahl an Entspannungsübungen für die Muskeln. Mit der Zeit werden Sie ein Gefühl dafür entwickeln, welche Übungen Ihnen besonders guttun und ein persönliches Repertoire zusammenstellen. Um einer Verspannung vorzubeugen, ist es empfehlenswert, schon bei Anzeichen von Verspannung gegenzuwirken. Diese Vorboten können Sie nur bemerken, wenn Sie gerade in stressigen Situationen die Aufmerksamkeit immer wieder auf mögliche Verspannungen lenken.

Progressive Muskelentspannung

»Mit gezielter Anspannung Entspannung erfahren!«

Progressive Muskelentspannung (PME) – oder (aktueller) progressive Muskelrelaxation: PMR – steht für ein Wechselspiel von An- und Entspannung einzelner Muskeln, die wir willentlich an- und entspannen können. Das Körperbewusstsein steigert sich und durch das abwechselnde An- und Entspannen sinkt der Muskeltonus, also die Muskelspannung, unter den ursprünglichen Zustand. Der Muskel ist entspannter.

Die progressive Muskelrelaxation ist eine leicht erlernbare Methode, die Sie bequem in Ihren Alltag integrieren können. Möchten Sie sich z. B. am Abend eine längere Entspannung gönnen, können Sie in ca. 30 – 60 Minuten eine Reise durch Muskelgruppen im Körper machen und dadurch zur Ruhe kommen. Hierzu, aber auch als kleine Entspannungseinheit zwischendurch, eignet sich PMR: Unauffällig können die verspannten Muskelpartien auch während eines Meetings an- und entspannt und dadurch gelockert werden.

Wussten Sie, dass ...

- die progressive Muskelrelaxation (PMR) schon Anfang des letzten Jahrhunderts von dem Arzt und Psychologen Edmund Jacobsen (1885–1976) in Harvard erfunden wurde?
- schon 1934 sein Buch »You Must Relax« für den nicht-medizinischen Leser erschien?
- die positive Wirkung der PME auf Blutdruck, Migräne oder Angstzustände wissenschaftlich erwiesen ist?
- die Kassenzulassung 1987 in der Bundesrepublik Deutschland dazu geführt hat, dass PMR heute zur psychosomatischen Grundversorgung aller Krankenkassen gehört?

Dies ist das Grundschema eines PMR-Zyklus:

- **Aufmerksamkeit hinlenken**

Sitzen oder liegen Sie bequem. Fokussieren Sie sich auf den jeweiligen Muskel oder die Muskelgruppe.

- **Anspannen**

Spannen Sie die Muskeln deutlich spürbar an, ohne sich anzustrengen oder gar zu verkrampfen. Vielleicht hilft es Ihnen, wenn Sie innerlich »jetzt« sagen, um deutlich zu starten.

- **Spannung halten**

Halten Sie die Spannung in der Muskelgruppe ca. fünf bis sieben Sekunden. Achten Sie darauf, währenddessen ruhig weiter zu atmen und die anderen Muskelgruppen entspannt zu lassen. Vielleicht lächeln Sie auch ein wenig ...

- **Loslassen**

Lassen Sie die Muskeln locker.

- **Pause**

Spüren Sie wieder in den Muskel oder die Muskelgruppe hinein und überprüfen Sie, ob Sie einen Unterschied bemerken. Nach ca. 30 Sekunden spannen Sie die Muskelgruppe ein zweites Mal an. Dann geht's weiter zur nächsten Muskelgruppe.

Diesem Zyklus innerlich folgend können Sie von Muskelgruppe zu Muskelgruppe gehen. Vielleicht beginnen Sie an den Händen und wandern von dort aus durch den Körper. Als Beispiel dienen die nachfolgenden Übungen. Sie richten sich an häufig beanspruchte Muskelgruppen im Arbeitsalltag und sind so konzipiert, dass sie auch leicht am Arbeitsplatz durchgeführt werden können:

- **»Faust« – gut für »Viel-Tipper«**

Setzen Sie sich hin und legen Sie Ihre Hände locker auf Ihre Oberschenkel. Wenn möglich, schließen Sie die Augen und atmen Sie während der ganzen Übung weiter. Machen Sie nun mit Ihren Händen zwei Fäuste und spannen Sie diese kräftig an, ohne dass es schmerzt. Halten Sie die Anspannung für fünf bis sieben Sekunden und atmen Sie dabei ruhig weiter. Lösen Sie dann die Fäuste und legen Sie die lockeren Hände mit der Handfläche nach oben auf die Beine. Spüren Sie die Wärme in Ihren Händen. Wiederholen Sie die Übung.

- **»King Kong« –
  wirkt der typischen gebeugten Bildschirm-Haltung entgegen**

Halten Sie die Arme vor der Brust angewinkelt – so wie King Kong, der gleich auf seine Brust trommelt. Die Ellenbogen sind in Schulterhöhe, die Hände zur Faust geballt. Wenn möglich, schließen Sie die Augen und atmen Sie während der ganzen Übung weiter. Spannen Sie nun die gesamte Arm- und Oberkörpermuskulatur kräftig an: Fäuste, Unterarme, Oberarme, Schultern und Brust. Die Muskulatur sollte dabei kräftig angespannt werden, aber nicht so weit, dass sie schmerzt. Jetzt lassen Sie die Arme sinken und ganz locker an den Seiten hängen. Atmen Sie betont aus. Wenn es Ihnen angenehm ist, können Sie auch den Kopf nach vorne hängen lassen. Spüren Sie, wie sich die Entspannung in Ihrem Oberkörper ausbreitet. Atmen Sie ruhig und gleichmäßig. Wiederholen Sie die Übung.

- **»Quasimodo«**

Stellen Sie sich aufrecht hin, der Kopf ist gerade. Ziehen Sie die Schultern ganz hoch, so als ob Sie damit Ihre Ohrläppchen berühren wollten. Drücken Sie den Kopf jetzt zurück, ohne das Gesicht zur Decke zu richten. Drücken Sie den Kopf nach hinten, gegen das Polster, das sich im Nacken gebildet hat. Drücken Sie nun kräftig Hinterkopf und Nackenpolster zusammen. Atmen Sie dabei ruhig und gleichmäßig weiter. Spüren Sie die Anspannung in Schultern und Hals, bis in den Rücken. Lassen Sie den Kopf und die Schultern nun locker fallen. Den Kopf auf die Brust sinken lassen und ruhig und gleichmäßig atmen. Spüren Sie die Entspannung in den Schultern, im Nacken und in den Armen. Wiederholen Sie diese Übung.

- **»Fußspitzer« – bei langem Sitzen kommt Energie in die Beine**

Setzen Sie sich bequem hin und stellen Sie die Füße hüftbreit auf den Boden. Stellen Sie nun die Ferse auf, so dass die Fußspitzen in die Luft zeigen. Ziehen Sie dann die Fußspitzen weit nach oben – ganz so, als ob Sie mit den Fußspitzen Ihr Bein berühren möchten. Halten Sie diese Anspannung für 5 – 7 Sek. atmen Sie ruhig weiter und lassen Sie dann die Füße locker auf dem Boden landen. Spüren Sie, wie sich die Entspannung in Fuß und Unterschenkel ausbreitet. Wiederholen Sie die Übung.

- **»Zitronengesicht« – lockert die kleinen und großen Gesichtsmuskeln**

Konzentrieren Sie sich auf Ihr Gesicht und lassen Sie die Gesichtsmuskeln locker. Wenn möglich, schließen Sie die Augen und ziehen Sie dann Ihr Gesicht zur Nase hin zusammen, als ob Sie in eine saure Zitrone beißen. Spüren Sie die Anspannung und halten Sie diese für 5 – 7 Sek., atmen Sie weiter und lösen Sie dann die Haltung. Spüren Sie, wie die Muskulatur im Gesicht weicher wird. Wiederholen Sie die Übung.

Auch hier macht Übung den Meister … Sind Sie mit der progressiven Muskelrelaxation vertraut, können Sie muskuläre Entspannung leichter und schneller erreichen. Es gibt zahlreiche DVDs oder Hörbücher, die Sie zur Anleitung nutzen können.

- **»Gute Nacht – die schnelle Variante«**

Auch eine Möglichkeit ist es, im Liegen einmal alle Muskeln gleichzeitig anzuspannen … um dann entspannt einzuschlafen.

Business Yoga

»Körper und Geist in Einklang!«

Yoga bedeutet »Einheit« und ist ein altes, indisches Übungssystem für Körper und Geist. Diese Jahrtausende alte Tradition verbindet inneres Gleichgewicht und körperliche Fitness und bildet einen entschleunigenden Gegenpol zu den alltäglichen Anforderungen »höher, schneller, weiter«. Und dieser Gegenpol erfreut sich großer Beliebtheit.

Im Yoga werden Körperübungen (Asanas) und Atmung (Pranayama) in Einklang gebracht. Die Asanas kräftigen den kompletten Bewegungsapparat und stärken das Körperbewusstsein. Die Muskeln werden durch den Wechsel von fließenden Bewegungen, Anspannung und Entspannung aktiviert – immer begleitet von einem ruhigen und gleichmäßigen Atem. »Prana« bedeutet Lebensenergie und somit geht das Atmen im Yoga über die einfache Sauerstoffaufnahme hinaus; Atmen ist die Aufnahme von Lebensenergie. Mit Yoga kann Stress abgebaut, die Sauerstoffversorgung von Muskeln und Hirn verbessert und Ausgeglichenheit erreicht werden.

Menschen, die Spiritualität suchen und sich der Lebensphilosophie widmen möchten, finden im Yoga noch mehr, als nur Bewegen und Atmen. Mit der regelmäßigen Praxis stellt sich Achtsamkeit und ein anderer Blick auf sich selbst und vielleicht auch auf die Umwelt meist von alleine ein.

Wussten Sie, dass ...

- Wissenschaftler der Universität Witten/Herdecke nachgewiesen haben, dass vor allem »innere Leichte« und »Achtsamkeit« durch die Yogapraxis gesteigert werden können?
- In der Studie mit Teilnehmern einer Yogalehrerausbildung kam ebenfalls heraus, dass vor allem weniger Erfahrene und engagierte Teilnehmer vom Yoga profitieren.

Und was ist jetzt Business Yoga? Business Yoga basiert auf Übungen des Hata Yoga und ermöglicht Yoga im beruflichen Alltag. Es handelt sich um Haltungen, die auch in Anzug und Kostüm ohne großen Aufwand zu Entspannung und Gelassenheit verhelfen können. Die Wirkungen sind wissenschaftlich belegt.

Durch die ausgewählten Übungen werden vielfältige Wirkungen erzielt:

- Schulter- und Nackenverspannungen werden gelöst,
- Rücken- und Kopfschmerzen verschwinden,
- neue Energie und Vitalität wird getankt,
- das Immunsystem wird gestärkt,
- die Konzentrationsfähigkeit wird verbessert.

Wir haben Ihnen eine Business-Yoga-Sequenz zusammengestellt, die Sie in den Berufsalltag integrieren können und die auch ohne Verletzungsgefahr allein ausprobiert werden kann:

Bei der Übungsreihe wird mit ruhigen, gleichmäßigen Atemzügen durch die Nase ein- und durch die Nase auch wieder ausgeatmet. Bei den Körperübungen ist darauf zu achten, langsam und bewusst, mit gleichmäßiger Atmung, in die jeweilige Stellung zu kommen, sie konzentriert eine Weile zu halten und mit ruhigen Bewegungen wieder in die Ausgangsposition zurückzukehren.

Business Yoga-Sequenz

Zu Beginn achten Sie auf einen geraden, entspannten Stand: Die Fußsohlen berühren mit der gesamten Fläche den Boden, die Knie sind leicht gebeugt, der Nabel zieht nach innen Richtung Wirbelsäule (›Druckknopfgefühl‹), die Schultern sind hinten und unten (gefühlt in der ›Hosentasche‹), der Kopf wird von einer unsichtbaren Schnur Richtung Decke gezogen.

- **Heben der Hände**

Atmen Sie tief ein und nehmen Sie die Arme über die Seite gekreuzt über den Kopf. Der Blick ist auf Ihre Hände gerichtet. Mit dem Ausatmen öffnen Sie die Arme wieder und führen sie langsam über die Seite zurück. Konzentrieren Sie sich dabei auf Ihre Atmung. Wiederholen Sie die Übung 5–6-mal.

- **Kopf drehen**

Mit dem Einatmen drehen Sie den Kopf zur rechten Schulter – diese Stellung kurz halten. Mit dem Ausatmen nehmen Sie den Kopf wieder nach vorne. Mit dem nächsten Einatmen dreht Ihr Kopf zur linken Schulter. Auch hier halten Sie die Stellung kurz. Mit dem Ausatmen geht der Kopf wieder nach vorne. Wiederholen Sie die Übung 4-5-mal im eigenen Atemrhythmus.

Mit dem Einatmen legen Sie den Kopf vorsichtig in den Nacken und halten diese Stellung kurz. Mit dem Ausatmen geht der Kopf zur Mitte. Mit dem Einatmen nehmen Sie den Kopf zur Brust und halten auch diese Stellung kurz. Mit dem Ausatmen geht der Kopf wieder zur Mitte. 4–5-mal wiederholen.

- **Schulter kreisen**

Mit dem Einatmen legen Sie beide Hände auf die Schultern, Ihre Ellenbogen zeigen nach außen. Mit dem Ausatmen beginnen Sie die Schultern langsam nach vorne zu kreisen – nutzen Sie dabei den gesamten Bewegungsradius Ihrer Schultern aus. Nach etwa 10-mal kreisen, wechseln Sie die Richtung der Bewegung und wiederholen die Übung noch 10-mal.

- **Rumpf kreisen**

Sie stehen und Ihre Beine sind etwas weiter als hüftbreit geöffnet. Mit dem Einatmen stützen Sie die Hände in Ihre Taille, Ihre Ellenbogen schauen nach hinten, die Schultern sind unten. Mit dem nächsten Ausatmen beginnen Sie mit den Hüften zu kreisen. 10-mal in die eine, dann 10-mal in die andere Richtung.

- **Der Baum**

Sie stehen etwa schulterbreit. Mit der Einatmung nehmen Sie die Hände über den Kopf, bis sich die Handflächen in der Mitte treffen, mit der Ausatmung nehmen Sie die Hände vor die Brust. Mit der nächsten Einatmung verlagern Sie das Gewicht auf das rechte Bein, der linke Fuß wandert zum rechten Knie. Atmen Sie in dieser Stellung ein paar Mal ruhig ein und aus. Beim Gleichgewichthalten hilft es, einen Punkt am Boden vor Ihnen zu fixieren. Zum Beenden der Übung, atmen Sie tief ein, nehmen die Hände über den Kopf und führen die Arme über die Seite nach unten, der Fuß geht zurück zum Boden. Wiederholen Sie die Übung mit dem linken Bein als Standbein.

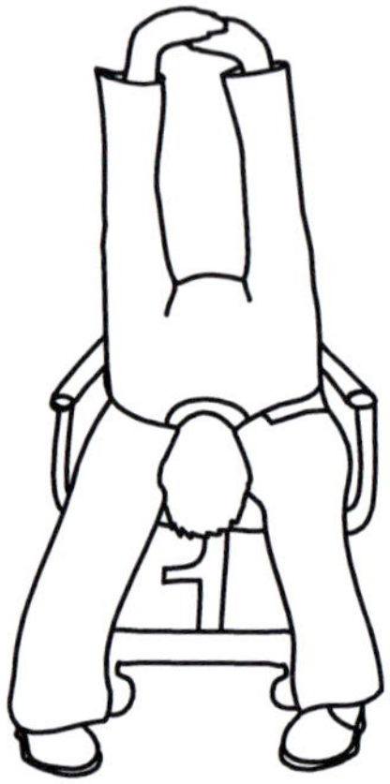

- **Kutscherhaltung**

Setzen Sie sich auf einen Stuhl und rutschen Sie mit dem Gesäß ganz nach vorne auf die Kante. Mit dem Einatmen verschränken Sie die Hände hinter dem Rücken. Mit dem Ausatmen lassen Sie den Oberkörper nach vorne fallen, die Schulterblätter ziehen dabei zusammen, die Arme gehen Richtung Decke. Mit jedem Ausatmen versuchen Sie, die Arme noch ein bisschen mehr Richtung Decke zu ziehen. Halten Sie diese Stellung für ein paar Atemzüge. Zum Beenden der Übung atmen Sie tief ein, nehmen die Arme über die Seite und richten sich langsam auf.

Entspannung mit Akupressur

»Gezielte Aktivierung oder Entspannung auf Finger-Druck!«

Oft ist es ein ganz selbstverständlicher Impuls: Schmerzt der Kopf, greifen wir mit den Fingern an die Schläfen. Hat ein Kind sich verletzt, legen die Eltern die Hand auf die schmerzende Stelle. Die Berührung der Hände bestimmter Punkte am Körper scheint eine heilende Wirkung zu haben.

In alten medizinischen Traditionen wie der Traditionellen Chinesischen Medizin (TCM), der indischen oder japanischen Medizin

Wussten Sie, dass...

- in der Traditionellen Chinesischen Medizin von 12 Haupt-Meridianen ausgegangen wird? In diesen Meridianen fließt nach dieser Lehre die Lebensenergie »Qi«.
- die Akupressur hilft, um den Fluss der Lebensenergie zu unterstützen? Durch den sanften Druck werden Blockaden gelöst und das Qi kann wieder frei fließen.

werden bestimmte Wirkpunkte am Körper dazu verwendet, um auf energetischer, physischer und psychischer Basis Balance zu erreichen. Vielleicht kennen Sie das aus der Akupunktur, wo diese Punkte mit Nadeln stimuliert werden. Praktisch ist, dass die Aktivierung dieser Punkte auch ohne Nadeln funktioniert: Ohne besondere Schulung und ohne nennenswerten Aufwand können Verfahren der Akupressur mitten im Alltag praktiziert werden, um Stress und Anspannung zu reduzieren, aber auch, um sich zu aktivieren, wenn man sich matt oder energiearm fühlt. Dazu braucht man nur wenige Minuten Zeit, wobei man bei stärkerer Anspannung oder Energielosigkeit auch mehrfach am Tag verschiedene Punkte stimulieren kann.

Klopfakupressur

Klopfakupressur ist ein Energiebalancierungsverfahren mit Ursprung aus der Traditionellen Chinesischen Medizin (TCM). In der »energetischen Psychologie« (EP) wird der Grundgedanke der TCM – Lebensenergie durch Stimulation in Fluss zu bringen – in einen zeitgemäßen Kontext und in Korrespondenz heutiger Therapieverfahren gesetzt. Fred Gallo begründete diesen Ansatz in den 1980er Jahren. Mittlerweile haben sich einige weitere Verfahren aufbauend auf der Energetischen Psychologie gebildet, die Ihnen vielleicht schon einmal begegnet sind:

- EFT: Emotional Freedom Techniques,
- MET: Meridian-Energie-Techniken,
- PEP: Prozessorientierte Embodimentfokussierte Psychologie.

Diese Therapieverfahren haben im Ansatz den gemeinsamen Grundgedanken, dass die klopfende Stimulation bestimmter Punkte am Körper zur Verbesserung des Wohlbefindens beiträgt.

Es werden bestimmte Punkte am Körper »geklopft«, das heißt, sie werden mithilfe der Fingerspitzen deutlich, aber nicht schmerzhaft stimuliert. Grundsätzlich können dabei alle diejenigen Punkte geklopft werden, die auch bei Akupunkturverfahren behandelt werden.

Bei vielen Menschen sehr wirksam ist folgendes Set von Punkten:

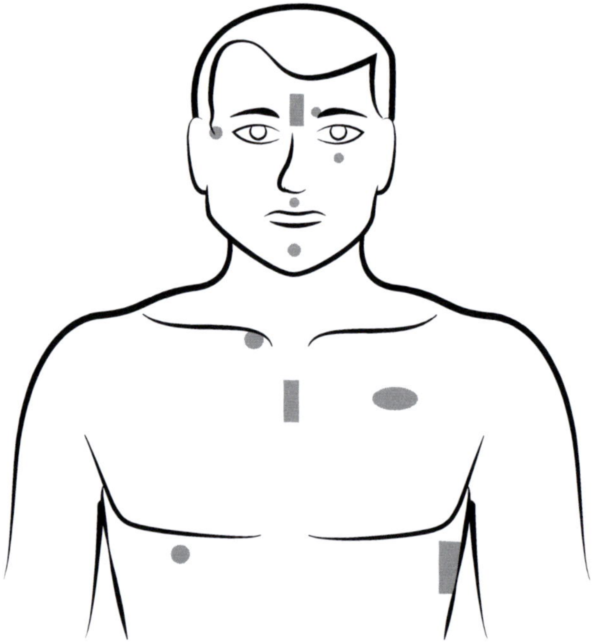

Im Gesicht:

- das sogenannte »Dritte Auge« zwischen den Augen leicht oberhalb von den Augenbrauen,
- Anfang der Augenbraue zur Nase hin,
- seitlich vom Auge außen,
- der Jochbeinpunkt unter dem Auge,
- unter der Nase,
- unter der Unterlippe.

Auf dem Oberkörper:

- der Bereich des Schlüsselbeins,
- der »Thymuspunkt« mittig im oberen Brustbereich,
- unter dem Arm, genauer gesagt, unter der Achsel,
- der »Rippenpunkt« – beim Mann unter der Brustwarze, bei der Frau unter dem Busenansatz.

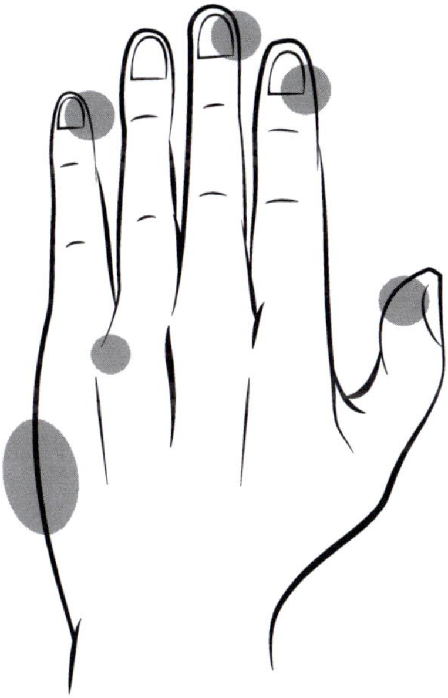

Auf den Händen:

- der Daumen, genauer gesagt, der äußere Nagelfalz des Daumens,
- der Zeigefinger, genauer gesagt, der äußere Nagelfalz des Zeigefingers,
- der Mittelfinger, genauer gesagt, der äußere Nagelfalz des Mittelfingers,
- der Kleine Finger, genauer gesagt, der äußere Nagelfalz des kleinen Fingers,
- der »Handkantenpunkt« im Übergang von kleinem Finger und Handfläche,
- der »Serienpunkt« oder sogenannte »Dreifache Erwärmer« – die zwischen dem Knöchel des Ringfingers und des kleinen Fingers gelegene Vertiefung auf dem Handrücken.

Die Reihenfolge der Punkte kann individuell variiert werden. Die einzelnen Punkte werden jeweils 3 – 10-mal schnell hintereinander geklopft. Man klopft die Punkte auf beiden Körperseiten abwechselnd oder zeitgleich oder auch nur auf einer Körperseite.

Mudra »Stressstabilität«

Das Wort Mudra stammt aus der indischen Tradition und steht für bestimmte Fingerhaltungen, die sich auf das Wohlbefinden auswirken können. In der Kinesiologie wird von Fingermodi gesprochen und in beiden Ansätzen gibt es einen ganzen Kanon an Finger-Figuren, die im Sinne der Akupressur wirken sollen. Hier wird nicht geklopft, sondern die Finger nehmen für kurze Zeit eine bestimmte Haltung ein, um ihre Wirkung zu erreichen. Man könnte sagen, dass Sie mit Mudras Ihre Entspannung buchstäblich ›in die eigenen Hände‹ nehmen.

Mit einer Atemübung kombiniert, lässt sich die Haltung ganz in Ruhe erkunden. Die Anwendung kann aber auch ganz unauffällig und nebenbei im Alltagsgeschehen ablaufen: Wenn Sie bemerken, dass Anspannung im Körper entsteht, bildet die Fingerhaltung einen Anker der Ruhe und trägt zur Beruhigung bei.

Als Beispiel zeigen wir Ihnen das Mudra »Stressstabilität«: Diese bestimmte Fingerhaltung kann dazu beitragen, die allgemeine Stressstabilität zu verbessern und akute Stresssituationen zu balancieren.

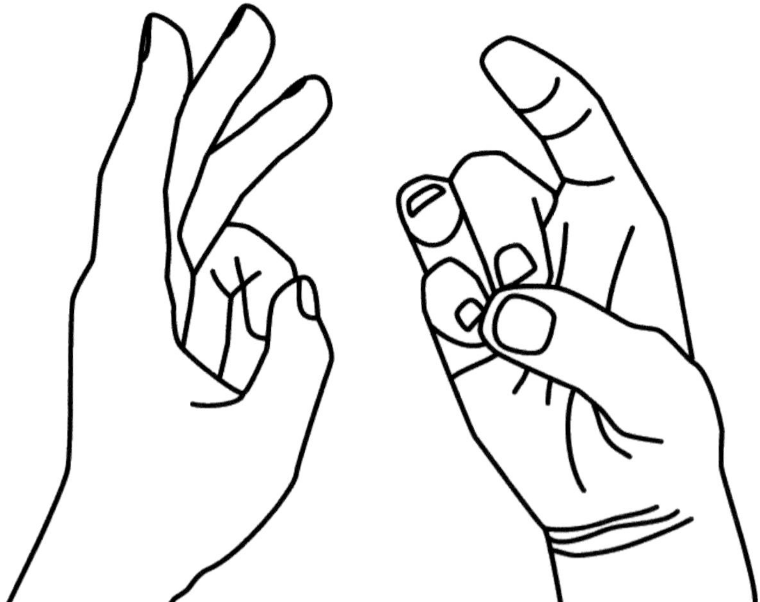

Rechte Hand: Nehmen Sie Daumen, Mittel- und Kleinfinger zusammen.
Linke Hand: Daumen und Kleinfingernagel zusammennehmen.
Anwendung: zwei Minuten

Oft braucht es etwas Zeit, bis sich die Finger an diese ungeübte Haltung gewöhnen. Ist die Pose des Mudras erst etabliert, kann sie Sicherheit und Halt bieten, gerade in fordernden Situationen; ganz ohne Extra-Zeitaufwand.

Entspannung mit Mentaltechniken

»Ruhe im Kopf«

Die bisher vorgestellten Entspannungsverfahren haben den Körper im Fokus. Doch Stress entsteht zu einem erheblichen Teil im Kopf. Wie wir Situationen einschätzen und unsere eigenen Fähigkeiten bewerten, hat einen großen Einfluss darauf, ob es zu Stress erzeugenden Gefühlen oder Verhaltensweisen kommt oder nicht. Ein wichtiger Weg zur Stressbewältigung besteht daher darin, eigene Stress verschärfende Gedanken zu erkennen und zu verändern. Dies ist leichter gesagt als getan. Denn in der eigentlichen Stresssituation ist der Fokus meist nur noch bei der als anstrengend erlebten Situation. Um sich selbst in Stresssituationen auf neue, Stress vermindernde Gedanken zu bringen, kann es hilfreich sein, sich mit den folgenden Fragen zu konfrontieren:

- Was denkt jemand, den die Situation weniger belastet als mich?
- Wie werde ich später, morgen, in einem Monat oder in einem Jahr über die Situation denken?
- Was kann schlimmstenfalls geschehen? Was genau wäre daran so schlimm? Wie wahrscheinlich ist das?
- Was wäre schlimmer als diese Situation?
- Habe ich schon einmal eine ähnlich schwierige Situation gemeistert? Wenn ja, wie?

- Was würde ich einem Freund zur Unterstützung sagen, der sich in einer ähnlichen Situation befindet?
- Was würde ein guter Freund mir in dieser Situation sagen?
- Wie wichtig ist diese Sache wirklich für mich?
- Gibt es etwas anderes, etwas, das mir sehr wichtig ist, an das ich mich in dieser Situation erinnern könnte und das mir Mut und Sicherheit geben kann?
- Was kann ich in dieser Situation lernen?
- Welchen Nutzen kann ich aus dieser Situation ziehen?
- Welchen Sinn finde ich in dieser Situation?

Fragen wie diese bieten Ihnen die Möglichkeit, eigene Verhaltensmuster zu erkennen oder auch alt bekannte Stresserlebnisse aus einer anderen Warte zu betrachten und eventuell zu relativieren. Vielleicht merken Sie sich eine für Sie besonders hilfreiche Fragestellung, um sie in einer für Sie belastenden Situation leichter aufrufen zu können.

Es ist wissenschaftlich nachgewiesen, dass kurze Phasen mit Entspannungsübungen – welche auch immer man nun wählt – effektiv helfen, den Stresslevel zu senken und Entspannung und Wohlbefinden zu fördern. Diese Erfahrung kann jeder, der Entspannungsverfahren regelmäßig praktiziert, auch ›am eigenen Leib‹ machen. Wir hoffen daher, dass Sie in der vorgestellten Vielfalt an Methoden ein paar Anregungen gefunden haben. Probieren Sie das eine oder andere Verfahren aus und seien Sie nicht zu kritisch mit sich, wenn der erste Versuch nicht sofort ›voll funktioniert‹. Durch Übung und Etablierung im Alltag werden Sie die von Ihnen genutzten Entspannungsverfahren schneller und wirksamer auch in schwierigen Situationen zur Verfügung haben. So lernen Sie nach und nach, wie Sie fast wie von selbst aus einem angespannten Zustand in eine hilfreiche und wohltuende Entspannung gelangen können.

Literaturverzeichnis

Broome, P & Bozic, G., 2006: Yoga fürs Leben. Gräfe und Unzer Verlag, München

Büssing, A. et. al., 2012: Development of Specific Aspects of Spirituality during a 6-Month Intensive Yoga Practice. Evidence-Based Complementary and Alternative Medicine Volume

Da Silva, K., 2008: Gesundheit in unseren Händen. Knaur Verlag, München

Gallo, F., 2000: Energetische Psychologie, VAK Verlag, Kirchzarten

Jacobson, E., 1990: Entspannung als Therapie. Progressive Relaxation in Theorie und Praxis. Klett-Cotta, Stuttgart

Kaur-Seitz, A., 2009: Kundalini Yoga. Rowohlt Taschenbuch Verlag, Reinbek

Psychische Belastungen systematisch erfassen und reduzieren

Analysetools für das Betriebliche Gesundheitsmanagement

Petra Homberg

Mit Gesundheit kalkulieren – vorhandenes Wissen nutzen

Gesunde und leistungsfähige Mitarbeiter/innen sind eine zentrale Ausgangsbasis für einen produktiven Betriebsablauf. Gezielte, auf das Unternehmen zugeschnittene Maßnahmen der betrieblichen Gesundheitsförderung können Gesundheit, Motivation und Lebensqualität der Beschäftigten und das Betriebsergebnis verbessern. Es lohnt sich also, in die Prävention zu investieren, da hohe Krankenstände die Kosten in die Höhe treiben und sich negativ auf die Motivation der Mitarbeiter/innen auswirken, die für die fehlenden Kolleg/innen Mehrarbeit leisten müssen. In diesem Beitrag finden Sie Anregungen, wie Sie Ihre spezielle Unternehmenssituation analysieren sowie konkrete Verbesserungsvorschläge von Ihren Beschäftigten erhalten können. Damit schaffen Sie die Grundlage für ein effektives, auf Ihre Unternehmensbedürfnisse zugeschnittenes, nachhaltiges Gesundheitsmanagement.

Gesundheit und Krankheit sind das Resultat des Wechselspiels zwischen Anforderungen, Stress, ›klimatischen‹ Bedingungen im Betrieb und individuellem Verhalten. Mitarbeiter/innen, die sich beispielsweise bei der Arbeit wenig bewegen, einen hohen Leistungs- und Zeitdruck empfinden und in ihrer Freizeit gerne passiv auf der Couch relaxen und wenig soziale Kontakte pflegen, werden eher krank als Mitarbeiter/innen, mit Möglichkeiten zur häufigeren Bewegung am Arbeitsplatz und einem aktiven Freizeitverhalten wie

Sporttreiben und Treffen mit Freunden. Zur Verbesserung der gesundheitlichen Situation im Unternehmen ist es daher wichtig, sowohl die Arbeitsbedingungen zu analysieren und zu optimieren (Verhältnisprävention) als auch die Beschäftigten zu motivieren, sich gesundheitsfördernder zu verhalten (Verhaltensprävention). Die größten Erfolgsaussichten bestehen, wenn Verhaltens- und Verhältnisprävention eng verzahnt sind.

Zur Förderung der Eigenverantwortung und Selbstwirksamkeit ist es wichtig, Beschäftigte konsequent in alle Prozessschritte der betrieblichen Gesundheitsförderung einzubeziehen (»Betroffene zu Beteiligten machen«) und sie damit zu Akteuren der eigenen Gesundheit zu machen. Das reicht von der Auswahl der Analysetools zur Erfassung der gesundheitlichen Lage im Unternehmen bis zur Bewertung vorhandener Ressourcen und arbeitsplatzbezogener Belastungen und der darauf basierenden Planung geeigneter Maßnahmen sowie deren Durchführung und Wirksamkeitskontrolle.

Die im Folgenden beschriebenen Analysetools »Gesundheitsbericht«, »ressourcenorientierte Arbeitsanalyse« und die »Gesundheitswerkstatt« sind vor diesem Hintergrund als Grundlage eines modernen, effektiven und auf Ihre Unternehmensbedürfnisse zugeschnittenen Gesundheitsmanagements bestens geeignet. Schließlich erhalten Sie durch diese intensive Betrachtung Ihrer aktuellen Ressourcen- und Belastungssituation einen guten Überblick über den tatsächlichen Handlungsbedarf. Darauf aufbauend können Maßnahmen zielgerichtet geplant und durchgeführt werden. Das spart letztendlich Geld, da nur da investiert wird, wo tatsächlich Bedarf und damit gute Erfolgsaussichten bestehen.

Bestandsaufnahme – Ressourcen und Belastungen erkennen

Der betriebliche Gesundheitsbericht

Wirksame und betriebswirtschaftlich sinnvolle Maßnahmen des betrieblichen Gesundheitsmanagements setzen eine Analyse der gesundheitlichen Lage der Mitarbeiter/innen eines Unternehmens voraus. Erste Hinweise zur gesundheitlichen Situation in der Belegschaft liefert ein betrieblicher Gesundheitsbericht. Die Arbeitsunfähigkeits-Datenanalysen der gesetzlichen Krankenkassen sind dabei eine wichtige Informationsquelle. Diese Analysen basieren auf den ärztlich ausgestellten Arbeitsunfähigkeitsbescheinigungen der bei der jeweiligen Krankenkasse versicherten Beschäftigten. Die Kassen analysieren auf Nachfrage von Unternehmen das betriebliche Krankheitsgeschehen im Rückblick. Relevante gesundheitsbezogene Unternehmensdaten wie Krankenstand, angefallene Arbeitsunfähigkeitstage sowie Häufigkeiten von Diagnosen, die zu Arbeitsunfähigkeitszeiten geführt haben, werden mit den entsprechenden Daten der jeweiligen Branche und Region verglichen. Diese Vergleichsdaten ermöglichen eine Bewertung des eigenen betrieblichen Krankheitsgeschehens im jeweiligen Markt. Liegt der Krankenstand des Unternehmens beispielsweise deutlich über dem Branchendurchschnitt oder sind die Ausfallzeiten aufgrund bestimmter Diagnosen höher, ist Ursachenforschung empfehlenswert. Dabei können folgende Fragen weiterhelfen:

- Sind Ihre Mitarbeiter/innen höheren physischen und/oder psychischen Belastungsfaktoren ausgesetzt?
- Ist Ihre Belegschaft älter und leidet daher häufiger unter Verschleißerkrankungen?
- Sind häufige Kurzerkrankungen, die tendenziell eher motivationale Probleme signalisieren, oder länger dauernde Krankheiten für Ihren Krankenstand verantwortlich?
- ...

Die Aussagekraft eines Gesundheitsberichts erhöht sich, wenn weitere Daten wie Erkenntnisse von Betriebsmediziner/innen, Ergebnisse von Mitarbeiterbefragungen und demografische Faktoren miteinbezogen werden. Eine gründliche und sorgfältige Bestandsaufnahme ist eine notwendige Voraussetzung, um zielgerichtete Maßnahmen zur betrieblichen Gesundheitsförderung abzuleiten. Entscheidungsträger und betriebliche Expert/innen erhalten dadurch wichtige Informationen über das Krankheitsgeschehen im Unternehmen. Daraus können erste Belastungsschwerpunkte im Unternehmen identifiziert werden.

Erfahrungsgemäß liegt ein Bündel von Ursachen dem Krankheitsgeschehen zugrunde. Um diesen Faktoren und Wirkmechanismen auf die Spur zu kommen, sind weitergehende, vertiefte Analyseverfahren wie die ressourcenorientierte Arbeitsanalyse sinnvoll.

Die ressourcenorientierte Arbeitsanalyse

Die neuen Produktions- und Arbeitsbedingungen stellen veränderte Anforderungen an die Beschäftigten. Sie sollen unternehmerisch denken und handeln, flexibel und sozial kompetent agieren, pausenlos einströmende Informationen selektieren, strukturieren und verarbeiten. Dadurch erleben die Beschäftigten oft einen wachsenden Zeit- und Leistungsdruck mit wenig Muse für ein erfüllendes Privatleben. Mitarbeiter/innen können sich dadurch in erheblichem Maße belastet und oft auch in ihrer Gesundheit gefährdet sehen. Es liegt auf der Hand, dass Maßnahmen des betrieblichen Gesundheitsmanagements neben den physischen auch die psychischen Belastungsfaktoren am Arbeitsplatz in den Blick nehmen sollten. Schließlich fordert auch der Gesetzgeber im Arbeitsschutzgesetz von 1996 psychische Gefährdungsbeurteilungen: Psychische Belastungen sollen ermittelt, Maßnahmen zur Regulierung eingeleitet und deren Wirksamkeit überprüft werden.

Die Herausforderung bei der Analyse psychischer Belastungen liegt darin, dass sie sehr vielschichtig sind und kaum auf ein klares Ursache-Wirkungs-Schema reduziert werden können. Psychische Belastungen können durch technisch-organisatorische und/oder soziale Veränderungen am Arbeitsplatz entstehen und durch private Probleme verschärft werden. Dabei spielt auch die Dosis eine Rolle. Wer über einen längeren Zeitraum viele derartige Belastungen erlebt, ist eher gesundheitlich gefährdet als jemand, der diesen Bedingungen nur kurz oder wenig ausgesetzt ist. Zudem erlebt jeder Mensch psychische Belastungen anders. Was den einen belastet, erlebt ein anderer als herausfordernd und spannend.

Vor diesem Hintergrund stellt sich die Frage, wie psychische Belastungsfaktoren am Arbeitsplatz sinnvoll und praktikabel analysiert und beurteilt werden können. Eine Methode, die den rechtlichen und inhaltlichen Ansprüchen genügt, ist die ressourcenorientierte

Arbeitsanalyse als Weiterentwicklung der Arbeitssituationserfassung von Prof. Peter Nieder.

Die ressourcenorientierte Arbeitsanalyse nimmt nicht nur die arbeitsplatzbedingten psychosozialen Belastungen, sondern auch die vorhandenen Ressourcen in den Blick. Die Beurteilung der Ressourcen und Belastungsfaktoren erfolgt dabei durch die Mitarbeiter/innen selbst – als Expert/innen ihres eigenen Arbeitsplatzes. Mit dieser Vorgehensweise werden die Erfahrungen der Beschäftigten ernst genommen. Die Mitarbeiter/innen erleben Wertschätzung und das Unternehmen erhält wichtige Anregungen zur Verbesserung der jeweiligen Arbeitsplätze. Die Erfahrung zeigt, dass die Veränderungsvorschläge der Mitarbeiter/innen häufig sehr konkret und umsetzbar sind.

Neben den Zufriedenheitsfaktoren (»Was schätzen wir? Was soll auf jeden Fall bewahrt und weitergeführt werden?«) werden spezifische Belastungen analysiert und gemeinsam mit den Beschäftigten Maßnahmen zu deren Verbesserung entwickelt.

Beleuchtet werden dabei die Bereiche:
- Arbeitsumgebung/Ergonomie
- Arbeitsorganisation/Schnittstellen
- Kommunikation/Information
- soziales Miteinander
- Vereinbarkeit Familie/Beruf

Mithilfe einer Moderatorin/eines Moderators analysieren 12 bis maximal 15 Mitarbeiter/innen eines Arbeitsbereichs und einer Hierarchiestufe in drei bis vier Stunden ihre Arbeitssituation und entwickeln konkrete Lösungsvorschläge. Dabei ist ein strukturiertes, ergebnisorientiertes Vorgehen wichtig, in dem alle Prozessschritte protokolliert werden. Um die Eigenverantwortung der Mitarbeiter/innen zu fördern, achten die Moderator/innen bei der Erarbeitung der Lösungsvorschläge darauf, dass bei den vorgeschlagenen Maßnahmen unterschieden wird:
- Was kann ich/was können wir selbst tun (Verhalten)?
- Wobei brauchen wir Unterstützung (Rahmenbedingungen)?

Damit wird die gemeinsame Verantwortung für die Gesundheit der Mitarbeiter/innen unterstrichen, die nur im Zusammenspiel zwischen individuellem Verhalten und betrieblichen Rahmenbedingungen dauerhaft erhalten und gefördert werden kann. Als Ergebnis der ressourcenorientierten Arbeitsanalyse erhält das Unternehmen und die Mitarbeitervertretung eine Dokumentation der Ist-Situation im Hinblick auf Ressourcen und Belastungen im jeweiligen Bereich mit konkreten Lösungsvorschlägen.

Empfehlenswert ist es, die Ergebnisse und Verbesserungsvorschläge einem betrieblichen Gremium wie einem Steuerkreis mit Unternehmensleitung und Arbeitnehmervertretung zu präsentieren. Ziel sollte dabei sein, einen Aktionsplan der umzusetzenden Maßnahmen zu erstellen. Diese Maßnahmen können an den Arbeitsplatzverhältnissen der Mitarbeiter/innen ansetzen und/oder den Einzelnen mithilfe von Trainings, Workshops beispielsweise bei der Stressbewältigung oder im Zeitmanagement unterstützen.

Wichtig ist dabei, dass die Mitarbeiter/innen eine zeitnahe Rückmeldung zu ihren erarbeiteten Vorschlägen erhalten. Können Verbesserungsvorschläge nicht umgesetzt werden, sollte auch dies den Mitarbeiter/innen möglichst rasch kommuniziert und nachvollziehbar begründet werden – erfahrungsgemäß kann das Ignorieren von Verbesserungsvorschlägen eine große demotivierende Wirkung haben.

Im Sinne der Nachhaltigkeit ist eine fortlaufende Überprüfung der Wirksamkeit der eingeleiteten Maßnahmen notwendig. Spätestens 6 – 8 Monate nach der ressourcenorientierten Arbeitsanalyse sind Wirksamkeitskontrollen (»Reviews«) empfehlenswert. Die befragten Gruppen treffen sich mit ihren Moderator/innen und überprüfen Schritt für Schritt, ob die Verbesserungsvorschläge zum gewünschten Erfolg geführt haben. Ist dies nicht der Fall, wird nach wirksameren Maßnahmen gesucht. Die Ergebnisse des Reviews werden protokolliert und dem betrieblichen Gremium (Arbeitskreis Gesundheit ...) vorgestellt. Damit beginnt der Prozess von vorne.

Es empfiehlt sich, wenigstens einmal jährlich Arbeitsanalysen bzw. Reviews durchzuführen.

Das Vorgehen bei der Durchführung von ressourcenorientierten Arbeitsanalysen im Überblick:

- Die Mitarbeitervertretung über geplante ressourcenorientierte Arbeitsanalysen informieren und beteiligen;
- Den Bereich und den Teilnehmerkreis festlegen;
- Führungskräfte und Mitarbeiter/innen informieren;
- Analysen durchführen und Ergebnisse protokollieren;
- Ergebnisse präsentieren und weitere Vorgehensweise planen;
- Review-Termin festlegen und durchführen.

Regelmäßige Gesundheitswerkstätten

Gesundheitswerkstätten sind in regelmäßigen Abständen stattfindende Arbeitstreffen und Denkrunden, in denen maximal 12 Beschäftigte einer Abteilung oder eines Bereiches ihre konkreten Arbeitsbedingungen und -situationen analysieren und reflektieren, um

- Ressourcen und Belastungen zu erfassen;
- Belastungsschwerpunkte, Veränderungs- bzw. Verbesserungsvorschläge zu erarbeiten;
- Die Umsetzung der Vorschläge zu initiieren und deren Erfolg zu kontrollieren;
- Bei Misserfolg der ausgewählten Maßnahmen geeignetere zu finden und durchzuführen.

Im Gegensatz zu ressourcenorientierten Arbeitsanalysen, die einmalig durchgeführt werden und somit Momentaufnahmen stellen, arbeiten Gesundheitswerkstätten kontinuierlich in vorher festgelegten Abständen und können dadurch prompt auf neue Entwicklungen und damit verbundene Veränderungen reagieren. Besonders eignen sich Gesundheitswerkstätten für die Verbesserung der gesundheitlichen Situation in Change-Management-Prozessen. Sie bieten ein Forum der Interaktion und Vernetzung untereinander und ermöglichen durch den ständigen Austausch potenziell gesundheitsgefährdende Situation schnell zu erkennen und entsprechende Gegenmaßnahmen zu ergreifen.

Die Arbeit in Gesundheitswerkstätten ist gekennzeichnet durch

- Lösungsorientierung
- Verantwortungsübernahme
- Zukunftsorientierung
- Netzwerkorientierung

Alle diese Faktoren werden als gesundheitsschützend und resilienzsteigernd angesehen, da sie Aktivität und Handlungsorientierung fördern. Dabei geht es um die Stärkung der individuellen, ebenso wie die der organisatorischen Widerstandsfähigkeit.

Auch bei der Einführung von Gesundheitswerkstätten ist auf eine frühzeitige Einbindung der Mitarbeiter/innen und deren Vertreter/innen zu achten. In den ersten sechs Monaten nach der Installation ist ein vierwöchiger Rhythmus empfehlenswert. Nach dieser Zeitspanne sind erfahrungsgemäß die dringendsten Probleme meist gelöst, und die Häufigkeit der Treffen kann auf viermal jährlich reduziert werden.

Auch in Gesundheitswerkstätten geht es darum, Ressourcen und Belastungsschwerpunkte zu analysieren und Verbesserungsvorschläge zu erarbeiten. Im Gegensatz zur ressourcenorientierten Arbeitsanalyse, bei der die Abarbeitung der Ergebnisse von einem betrieblichen Gremium von Entscheidungsträger/innen (Steuerkreis Gesundheit) initiiert und überwacht wird, bleibt das Controlling der Umsetzung in der Verantwortung der Gesundheitswerkstätten. Die in den Werkstätten Mitarbeitenden erstellen die Ziel-, Maßnahmenpläne, legen fest, wer für die einzelnen Aktionen verantwortlich ist und überwachen den Erfolg der Maßnahmen. Das betriebliche Steuer-Gremium wird in größeren Abständen von 6 – 8 Monaten über die Arbeitsergebnisse informiert.

Im ersten Treffen steht neben dem gegenseitigen Kennenlernen von Teilnehmer/innen und Moderator/innen eine gründliche Bestandsaufnahme der Arbeitssituation auf dem Plan. Die Themen sind die gleichen wie bei der ressourcenorientierten Arbeitsanalyse.

In einem ersten Schritt beschäftigt sich die Gruppe mit der Frage, was in dem jeweiligen Bereich gut und bewahrenswert ist. Erfahrungsgemäß geraten Mitarbeiter/innen, die nur auf die belastenden Aspekte ihrer Arbeit fokussieren, leicht in eine Jammerspirale, die zwar entlastend sein kann, aber eine aktive und lösungsorientierte Auseinandersetzung mit der Situation verhindert. In einer ›Jammerkultur‹ erleben sich Menschen als Opfer, die auf äußere Einflüsse lediglich reagieren. In dieser Denklogik kann eine Veränderung nur von außen kommen – man selbst bleibt passiv. Mitarbeiter/innen, die den Blick auch auf die gut funktionierenden und attraktiven Aspekte Ihrer Arbeit richten, erleben ihre Situation als beeinflussbar. Diese Haltung ist eine wichtige Voraussetzung für die weitere konstruktive Arbeit.

Nach Abschluss der ersten Phase, geht es um die Erarbeitung von Veränderungsvorschlägen der als belastend empfundenen Arbeitssituationen. Ein Beispiel soll die Vorgehensweise illustrieren:

Verbesserungsvorschlag	Belastungsfaktor
Kooperationen mit Fitness-Studios	Bewegungsmangel
Ausgleichsgymnastik am Arbeitsplatz mit Bildschirmlösungen	keine Bewegungsangebote am Arbeitsplatz
Abteilungsübergreifende Meetings, an denen alle an Arbeitsprozess A Beteiligten teilnehmen und Probleme mit allen besprochen werden können	Abteilung X liefert Informationen häufig zu spät, was zu Verzögerungen und belastendem Zeitdruck im Prozessablauf führt

Im zweiten Meeting werden umzusetzende Maßnahmen und Verantwortliche benannt. Mit Hilfe eines Ziel- und Maßnahmenplanes werden die einzelnen Punkte und Themen bearbeitet.

Ziel	Maßnahme	Verantwortlich	Bis wann	Ergebnis
mehr Bewegung im Alltag	• Kooperationsmöglichkeiten mit Fitnessstudios prüfen • Technische Möglichkeiten prüfen zur Installation von Programmen mit Ausgleichsgymnastik für Büroarbeitsplätze • Angebote von drei Anbietern einholen • Angebote zur Überprüfung an das Steuergremium Gesundheit weiterleiten	Frau/Herr X	Ende Y	Eingeholte Angebote an Steuerkreis weitergeleitet mit Ergebnis ...
zeitnahe Information aller an Prozess A Beteiligten	• Installation von abteilungsübergreifenden Meetings jeden Montag von 9:00 bis 9:30 Uhr	Frau/Herr X	tt.mm.jjjj	Mitarbeiter/innen fühlen sich ausreichend und zeitnah über alle wesentlichen Abläufe informiert

In den weiteren Treffen werden zu Beginn die zwischenzeitlich erzielten Ergebnisse berichtet und gemeinsam entschieden, ob das Thema damit erfolgreich abgeschlossen ist oder weitere Maßnahmen nötig sind. Diese Erfolgsüberprüfung ist Kern der weiteren Arbeit. Anschließend sollten die noch offenen Themen bzw. Belastungsschwerpunkte – auch neu hinzugekommene – aufgenommen werden.

Das Vorgehen bei der Durchführung von regelmäßigen Gesundheitswerkstätten im Überblick:

- Information aller Mitarbeiter/innen über die Einrichtung regelmäßiger Gesundheitswerkstätten;
- Auswahl der Mitarbeiter/innen, die an Gesundheitswerkstätten teilnehmen ;
- Klärung, ob die Moderation extern oder intern erfolgen soll ;
- Klärung, was mit den Ergebnissen passiert ;
- Festlegung, wie die Ergebnisse veröffentlicht werden und wer sich darum kümmert.

Fazit:

Die Erhebung des gesundheitsbezogenen betrieblichen Ist-Zustandes sollte von Unternehmen noch intensiver durchgeführt werden, da eine sorgfältige Analyse dieser Faktoren von großer Bedeutung für die Wirtschaftlichkeit und Effektivität eines betrieblichen Gesundheitsmanagements ist.

Einen ersten Überblick über das Krankheitsgeschehen im Unternehmen liefert Ihnen ein betrieblicher Gesundheitsbericht, der Hinweise auf mögliche Belastungsschwerpunkte gibt. Die darin gelieferten (Vergleichs-)Zahlen und Daten bilden auch eine gute Grundlage, um die Effektivität der durchgeführten Maßnahmen zu messen. Zu diesem Zweck werden die Gesundheitskennzahlen in den Berichten jährlich betrachtet und interpretiert.

Mithilfe der »ressourcenorientierten Arbeitsanalyse« und der »regelmäßigen Gesundheitswerkstätten« erhalten Sie eine genauere Bewertung der gesundheitsrelevanten Arbeitsbedingungen aus Sicht der Mitarbeiter/innen. Ressourcenorientierte Arbeitsanalysen zeichnen ein momentanes Stimmungsbild und sind schnell und unproblematisch durchzuführen. Mit einem Zeitraster zwischen zwei und vier Stunden ist dieses Instrument ökonomisch und liefert gute, konkrete Ergebnisse.

Die Durchführung »regelmäßiger Gesundheitswerkstätten« empfiehlt sich im Nachgang einer Arbeitsanalyse, bei der hohe Belastungen deutlich wurden. Hervorragend geeignet sind diese Werkstätten auch in komplexeren Situationen wie beispielsweise in umfangreichen Change-Projekten oder zu Schwerpunktthemen wie Demografie und Umgang mit psychischen Belastungen. Durch die vorgegebene Regelmäßigkeit der Treffen bleiben die Themen präsent – der Erfolg und die Nachhaltigkeit des betrieblichen Gesundheitsmanagements wird damit wahrscheinlicher. Gesundheit als Thema im Unternehmen dauerhaft zu etablieren ist schließlich eine der wichtigsten Voraussetzungen, um die Gesundheit aller Beschäftigten langfristig zu erhalten und zu verbessern.

Literatur- und Quellenverzeichnis:

Arbeitsschutzgesetz § 5 (ArbSchG.) vom 7. August 1996

Joiko et al. 2010: Psychische Belastung und Beanspruchung im Berufsleben. Erkennen – Gestalten. Bundesanstalt für Arbeitsschutz und Arbeitsmedizin, Dortmund. Als Download unter www.baua.de/de/Publikationen/Broschueren/A45.html

Nieder, P.: Anpacken, wo der Schuh drückt. Das Instrument Arbeitssituationsanalyse. In: Organisationsentwicklung 2005, 4, 51-64

Fit für den demografischen Wandel?

Möglichkeiten zur Erhaltung der Leistungsfähigkeit

Karin Pape und Margret Beisheim

In vielen Betrieben kommt es durch alternde Belegschaften zu einer Ausdünnung des Personals. Einseitige Arbeitsbelastungen, Stress durch zunehmende Arbeitsverdichtung und Beanspruchung der Beschäftigten führten in den vergangenen Jahrzehnten zu Verschleiß und Krankheit und damit geradewegs in die Frühverrentung. Durch den frühen Ausstieg der älteren Beschäftigten gehen dem Unternehmen produktive Jahre verloren. Diesen Trend gilt es zu durchbrechen, denn die teuer finanzierte und politisch unterstützte Frühverrentungspolitik seit den 80er Jahren ist in den Unternehmen längst an ihre Grenzen gestoßen. Auch sind die nachrückenden Generationen nicht mehr leicht zu rekrutieren. Hohe Kosten für Fehlzeiten und Vorruhestandslösungen, fehlende Innovationen und sinkende Produktivität erscheinen wie ein Damoklesschwert, das über den Unternehmen mit einer älteren Belegschaft schwebt. Zumindest wird davon ausgegangen, dass die Älteren aufgrund ihrer sinkenden Leistungsfähigkeit diese Nachteile mit verursachen. Sind dies Vorurteile?

Die Leistungsfähigkeit der Beschäftigten ist keine feste, unbegrenzt ausdehnbare Größe, sondern sehr stark abhängig von den Rahmenbedingungen der Arbeit und den Möglichkeiten der Person selbst, auf diese Rahmenbedingungen Einfluss zu nehmen. Menschen, die ein Arbeitsleben lang weder Bedeutung noch Vielfalt in ihrer Arbeit erfahren haben, werden aufgrund von Monotonie, einseitiger Belastung und teilweise auch Unterforderung eher an die Grenzen ihrer Leistungsfähigkeit kommen als jene, die große Handlungs- und Entscheidungsspielräume besitzen und ihre Arbeit nach ihren eigenen Erfordernissen gestalten können. Starke körperliche und mentale Beanspruchung führen vielfach zu Verschleißerscheinungen. Aus dieser Problemstellung ergeben sich Arbeitsfelder wie die Entwicklung altersgerechter Konzepte in der Führungsarbeit, das Überdenken und Anpassen der Arbeitsorganisation sowie die Förderung der Arbeitsfähigkeit aller Beschäftigten, auch der 50+-Generation, denn Leistungsfähigkeit ist nicht per se an das Alter gebunden. Diese weiter zu erhalten und leistungsmindernde Faktoren wie Stress, Demotivation und Über- bzw. Unterforderung zu reduzieren, ist Aufgabe der betrieblichen Gesundheitsförderung.

Gesundheitsmanagement für alle Generationen ist in hohem Maße Führungsaufgabe. Viele Maßnahmen können direkt von der Führungskraft in Angriff genommen werden, andere sind struktureller Natur und werden gemeinsam mit (Personal-)Management, betriebsärztlichem Dienst und den Verantwortlichen für das betriebliche Gesundheitsmanagement erarbeitet.

Das Ziel eines demografieorientierten Gesundheitsmanagements ist die Umsetzung konkreter Maßnahmen zur Bewältigung der demografischen Lücke, die durch das verfrühte Ausscheiden kranker oder leistungsgeminderter Mitarbeiter entsteht. Diese Lücke gar nicht erst entstehen zu lassen, ist die Zukunftsvision vieler Personalfachkräfte und Arbeitswissenschaftler. Bislang verspricht man sich die Lösung des Problems durch die verstärkte Rekrutierung der Jungen, die jetzt in den Arbeitsmarkt eintreten und die Unterdeckung wettmachen sollen. Als Lösung wird das jedoch nicht ausreichen, weil diese zahlenmäßig kleinere Generation ihre Leistung nicht mehr um jeden Preis einbringt und deutlich stärker auf Work-Life-Balance achtet als ihre Vorgänger.

Leistungsfähigkeit erhalten durch Gesundheitsförderung

Älteren Mitarbeitern wird häufig zugeschrieben, über Erfahrungswissen, Arbeitstugenden und Führungskompetenzen zu verfügen, jedoch Defizite bei Schnelligkeit, Innovation oder Konzentration aufzuweisen. Aussagen, dass Ältere generell krankheitsanfälliger, unproduktiver oder weniger motiviert seien, konnten bereits wissenschaftlich widerlegt werden. Die Leistungsfähigkeit älterer Menschen, so wurde erkannt, verändert sich in ihrer Struktur: Leistungswandel statt Leistungsrückgang. Körperliche Kräfte nehmen zwar allmählich ab, aber langjährige Erfahrung, guter Überblick und Geschicklichkeit nehmen zu und kompensieren teilweise die körperliche Beeinträchtigung. Viele Einschätzungen der Leistungsfähigkeit Älterer beruhen auf Vorurteilen. Nur etwa 10 % der individuellen Unterschiede sind auf das Alter zurückzuführen; die Leistungsfähigkeit wird mehr von persönlichen Lebenserfahrungen, der Lebensführung und der beruflichen Tätigkeit als vom biologischen Alter beeinflusst (Holz/Da Cruz 2007, 39).

Die Herausforderung ist also, Mitarbeiter über 50 gesund, leistungsfähig und motiviert bis zu ihrem Renteneintritt im Betrieb zu halten. Bei diesem Ziel ist auch die Selbstverantwortung der Beschäftigten angesprochen. Mitarbeiter in ihrer Leistungsblüte erkennen oftmals nicht die Bedeutung der gesundheitlichen Prävention. Gesundheitsangebote werden erst wahrgenommen, wenn es (fast) zu spät ist. Ältere Beschäftigte sind aufgrund erster, spürbarer Einschränkungen leichter zu motivieren, Selbstverantwortung für die eigene Gesundheit und Leistungsfähigkeit zu übernehmen. Sie könnten infolge ihrer persönlichen Erfahrungen Mentoren in der betrieblichen Gesundheitsförderung für die Jungen sein. Zunehmend wichtig ist es daher, die Zusammenarbeit der Generationen im Unternehmen zu stärken, um nachhaltige Gesundheit in der Belegschaft zu gewährleisten. Hierfür muss das betriebliche Gesundheitsmanagement mit einem nachhaltigen Generationenmanagement verzahnt werden. Krankenstände und geminderte Leistungsfähigkeit entstehen nicht über Nacht, sondern sind das Produkt langjähriger Über-/Unterforderung, fehlender Entwicklungsperspektiven, Fehlbesetzungen und einseitiger Belastungen.

Das Leistungsvermögen – auch der Älteren – kann jedoch unter Beachtung bestimmter Einflussfaktoren dauerhaft gestärkt und genutzt werden. Comelli und von Rosenstiel (2001) bringen es mit vier Faktoren auf den Punkt: »Können – Wollen – Dürfen und Sollen – und ihre Situative Ermöglichung«.

Quelle: Comelli/v. Rosenstiel (2001, 3)

Das **Soziale Dürfen und Sollen** betrifft die geschriebenen und ungeschriebenen Regeln, die kulturellen Normen in der Zusammenarbeit. Eine kooperative und diversitätsorientierte Führung sowie eine altersfreundliche Unternehmenskultur, die ältere und leistungsgeminderte Mitarbeiter nicht diskriminiert, sondern unterstützt, gehören zu den leistungsförderlichen Rahmenbedingungen. Studien der AOK zum Thema »Gesunde Unternehmen« zeigen deutlich, dass sich auch das Führungsverhalten auf die Gesundheit der Mitarbeiter auswirkt. Führungskräfte sollten daher die Zusammenhänge zwischen Altern und Gesundheit sowie Altern und Leistungsfähigkeit kennen, damit sie bei der Arbeitsgestaltung entlastende Maßnahmen setzen können – sei es bei der Aufgabenverteilung, sei es bei der Zusammensetzung von Teams. Wenn die Führungskraft auf einen respektvollen Umgangston im Team achtet, kann ein Klima der wechselseitigen Unterstützung entstehen.

Das **Individuelle Wollen**, also die Motivation zum Handeln, wird bei den Älteren gemindert, wenn sie keine beruflichen Perspektiven mehr sehen und latente oder offene Altersdiskriminierung erleben. Langjährig Beschäftigte werden aufgrund ihrer teilweise sinkenden Dynamik und ihrer vorsichtigen, von Jüngeren als bremsend erlebten

Argumentation oftmals von neuen Projekten und herausfordernden Aufgaben ausgeschlossen, was dazu führt, dass sie nur noch auf den Renteneintritt warten. In einer selbsterfüllenden Prophezeiung ziehen sie dann sich immer mehr aus dem Geschäft zurück. Ihre Kenntnisse und Erfahrungen bleiben ungenutzt und ihre zunehmende Lethargie macht sie anfälliger für Krankheit und Schwäche.

Nach dem 50. Lebensjahr kommt es bei vielen Menschen zu einem Absinken ihres gesundheitlichen Wohlbefindens. Die individuelle Wahrnehmung ist allerdings bildungsabhängig: Je höher das Bildungsniveau, desto besser wird die eigene Gesundheit eingeschätzt. Qualifizierte Mitarbeiter haben in der Regel größere Spielräume zur Gestaltung der eigenen Arbeit. Sie werden gebraucht und erleben ihre Arbeit daher als motivierend und sinnstiftend.

Persönliches Können bezieht sich auf die individuelle Leistungsfähigkeit, das heißt Veranlagung, Ausbildung, Entwicklung und Erfahrung der Person. Eine kontinuierliche Personalentwicklung muss das Know-how des Mitarbeiters immer wieder aktualisieren, damit es nicht veraltet und wertlos wird. Altersgrenzen für Schulung und Training sollte es nicht geben, auch wenn häufig argumentiert wird, dass sich das nicht mehr lohne. Hier zu investieren zahlt sich aus, weil Mitarbeiter zukünftig länger im Unternehmen bleiben, nach entsprechender Qualifizierung effizienter arbeiten und bei Veränderungsprozessen leichter mithalten können. Nicht zuletzt bekommen die Älteren Anerkennung, wenn sie an Qualifizierungsmaßnahmen teilnehmen können.

Mit **Situativer Ermöglichung** schließlich meinen Comelli und von Rosenstiel (2001/3) die aktuellen äußeren Umstände der Arbeit, die das Leistungsverhalten begünstigen oder behindern können – wie z.B. knappe Ressourcen oder die Arbeitsorganisation. Eine ganzheitliche Aufgabenstruktur (in Einzel- oder Gruppenarbeit) und motivierende Arbeitsinhalte sind die Grundlage für gesunde Arbeitsplätze. Sie bieten den Mitarbeitern Handlungs- und Entscheidungsspielräume. Wer Einfluss auf die Rahmenbedingungen seiner Arbeit hat, empfindet auch hohen Leistungsdruck als weniger problematisch.

Robert A. Kasarek (1979) hat mit seinem »Job-Demand-Control-Modell« bereits in den 70ern nachgewiesen, dass die wahrgenommene Arbeitsautonomie darüber entscheidet, ob und in welchem Maße gesundheitsschädigender Stress entsteht.

Umsetzungsmöglichkeiten für die betriebliche Praxis

Von Unternehmensseite braucht es vor dem Hintergrund der demografischen Entwicklung strukturelle, organisationale und kulturelle Rahmenbedingungen, die die Leistungsfähigkeit erhalten. Innerhalb der Organisation können Führungskräfte – auch mit Unterstützung von Betriebsärzten, Sozialberatungen und Behindertenvertretungen – erheblichen Einfluss auf die Gesunderhaltung und Leistungsfähigkeit ihrer Mitarbeiter nehmen. Um Ansatzpunkte für Führung zu finden, gilt es zunächst, die Aufmerksamkeit für das Thema zu schärfen und eine erste Bestandsaufnahme im eigenen Bereich oder sogar im gesamten Unternehmen zu machen. Wie sind die Rahmenbedingungen? Was wird bereits für die Erhaltung der Gesundheit und Leistungsfähigkeit auch der älteren Mitarbeiter getan? Die Checkliste am Ende dieses Beitrags dient zur Selbsteinschätzung.

Schritte zu einem generationengerechten Gesundheitsmanagement

Analyse der Arbeitsplätze und Arbeitsbedingungen

Zunächst ist es für die Führung wichtig, zu verstehen und nachzuvollziehen, welchen konkreten Belastungen ihre Mitarbeiter ausgesetzt sind. Hier geht es sowohl um körperliche als auch mentale Belastungen. Körperliche Anstrengungen, Lärm, repetitive Bewegungen, schlechte Luft usw. sind nach sachgerechter Analyse mit der Unterstützung von Fachkräften aus Ergonomie und Medizin leichter zu erheben als psychische Belastungen, die der Führungskraft eher verborgen bleiben. Was besonders älteren Arbeitnehmern neben den körperlichen Belastungen zu schaffen macht, sind die mentalen Stressauslöser: höhere Arbeitsintensität, Zeitdruck, technologische Neuerungen, wiederkehrende Change-Prozesse und allgemein höhere Geschwindigkeit. Hier können Ältere oft nur mit großer Anstrengung mithalten. Aufmerksame Führungskräfte nehmen dies wahr und bieten Unterstützung an.

Für Expertenanalysen können beispielsweise auch Instrumente wie der Arbeitsbewältigungsindex (ABI) oder Gefährdungsbeurteilungen nach dem Arbeitsschutzgesetz eingesetzt werden. Wichtig ist ein sensibles Vorgehen unter Beachtung der persönlichen, organisatorischen und rechtlichen Voraussetzungen.

Durch Einbeziehung der Mitarbeiter in Gesundheitszirkel, -werkstätten oder in der ressourcenorientierten Arbeitsanalyse (siehe dazu auch den Beitrag von Petra Homberg in diesem Reader) werden Belastungen aus der Sicht der Betroffenen identifiziert. Die Betrachtung aus verschiedenen Perspektiven stellt sicher, dass alle gesundheitlichen Aspekte der jeweiligen Arbeitssituation berücksichtigt werden. Gleichzeitig wird die Selbstverantwortung der Arbeitnehmer durch diese Reflektionen gestärkt.

Informationen über den Gesundheitszustand der Mitarbeiter stellen eine weitere Basis für die Entwicklung von Handlungsschritten dar. Dazu gehören die Analyse von Kennziffern wie Dauer und Lage von Fehlzeiten, aber auch die Wahrnehmung und Analyse offenkundiger Krankheiten (welche Krankheiten treten vermehrt oder zu bestimmten Zeiten auf?), die Inanspruchnahme von Kuren und Rehabilitationsmaßnahmen usw. Die besten Informationen erschließen sich jedoch, wenn die Führungskraft ein Vertrauensverhältnis zum Mitarbeiter aufbaut und durch guten Kontakt signalisiert, dass sie auch bei Gesundheitsthemen Unterstützung anbietet. Eine offene, vertrauensvolle Atmosphäre zwischen Führung und Mitarbeitern ist Voraussetzung dafür, dass Mitarbeiter auch bei sensiblen Themen bereit sind, über ihr Befinden zu sprechen und sich Rat und Unterstützung einzuholen.

Aufbau gesundheitsfördernder Strukturen und altersgerechter Personaleinsatz

Wie sollen nach den Erkenntnissen der Wissenschaft altersfreundliche und gesunde Arbeitsplätze gestaltet sein?

Bei einem ganzheitlichen Aufgabenzuschnitt ist die Arbeit sinnstiftend, verantwortungs- und bedeutungsvoll und bietet genügend

Abwechslung und Autonomiespielräume. Regelmäßiges Feedback durch die Führungskraft oder aus der Tätigkeit selbst motiviert zusätzlich. Arbeitsstrukturierungsmaßnahmen wie Job Enrichment, Job Enlargement, Job Rotation helfen, monotone und abstumpfende Tätigkeiten zu vermeiden. Darüber hinaus hat sich Teamarbeit in Form von alters- und qualifikationsgemischten Teams bewährt. Sie trägt nicht nur zu einem Belastungsausgleich, sondern auch zu einem leichteren Wissenstransfer zwischen Alt und Jung bei. Dort, wo ältere Beschäftigte mehr dispositive Tätigkeiten (Planungsaufgaben, Qualitätssicherung, ...) übernehmen und dafür belastende körperliche Arbeit an Jüngere abgeben können, lohnt sich der Einsatz von altersgemischten Teams besonders. Individuell gestaltete Mischarbeits- und Umstiegsarbeitsplätze zum Belastungswechsel für Leistungsgeminderte können auch bei Einzelarbeit die Weiterbeschäftigung erlauben.

Was ist dabei zu beachten? Bei der Wahl der Arbeitsform sollte Rücksicht auf den Leistungswandel bei älter werdenden Mitarbeitern genommen werden. Die »Normalleistung« kann kein Gradmesser für alle Altersgruppen sein, zumal sie die größere Routine, Erfahrung, Umsicht und Vorsicht der Älteren nicht miteinbezieht. Jüngere Mitarbeiter, denen die Erfahrung noch fehlt, punkten dagegen mit Kraft, Ausdauer und Schnelligkeit. Die Leistung eines Mitarbeiters erhält somit eine sehr individuelle Komponente: Was ist der Beitrag des Mitarbeiters über die gesamte Zeit seiner Beschäftigung? Wo sind individuelle Stärken und Schwächen, die beim Aufgabenzuschnitt berücksichtigt werden sollten? Die Arbeitsabläufe sollten soweit wie möglich gemeinsam mit den Mitarbeitern gestaltet werden, weil die physischen und psychischen Einschränkungen besser von ihnen selbst beurteilt werden. Ihr Einbezug und die erlebte Autonomie erhöhen das Verantwortungsgefühl der Mitarbeiter für die Arbeitsergebnisse. Damit wachsen auch Arbeitszufriedenheit und Effizienz. Dies gilt umso mehr, je qualifizierter die Person und je stärker ihr Wachstums- und Entwicklungsbedürfnis ausgeprägt sind. Die Mitarbeiter können allerdings sehr unterschiedlich auf die angereicherten Tätigkeiten reagieren. Manche bevorzugen einen erweiterten Entscheidungsspielraum, andere wiederum fühlen sich wohler mit einem eher klar definierten Aufgabenbereich. Die Kunst ist es hierbei, genügend Routineaufgaben, aber nicht zu viel davon anzubieten. Jedoch sollten auch zu häufige und schnelle Wechsel vermieden werden.

Günstig ist es, wenn Mitarbeiter auch Einfluss auf Dauer und Lage ihrer Arbeitszeiten nehmen können. Wenngleich die meisten Unternehmen bereits flexible Arbeitszeitmodelle anbieten, um den Arbeitseinsatz variabler zu gestalten, so bringt diese Flexibilität manchmal wenig für den Arbeitnehmer selbst. Statt flexibler Schichten sollte die Schichtarbeit für Ältere deutlich reduziert oder besser ganz abgeschafft werden. Lebensarbeitszeitmodelle, die bei einem längerfristigen Leistungsabfall ein Umsteigen auf Teilzeit, längere Sabbaticals und später einen gleitenden Übergang in den Ruhestand ermöglichen, sollten noch mehr genutzt werden.

Demografieorientierte Personalentwicklung für ältere Mitarbeiter

Aus Sicht der Personalentwicklung geht es vor dem Hintergrund der skizzierten Herausforderungen vor allem darum, die Generation 50+ in ihrer Leistungsfähigkeit und ihrem Selbstvertrauen zu stärken und ihre Motivation weiter zu erhalten. Im Folgenden werden einige Möglichkeiten der Personalentwicklung genannt, um besonders ältere Mitarbeiter im Verlauf des beruflichen Lebens angemessen zu fordern und zu fördern.

Bei fachlichen, technologischen oder strukturellen Weiterentwicklungen und Veränderungen ist es wichtig, auch langjährige Mitarbeiter mitzunehmen. Im Falle von als gravierend erlebten Veränderungen sollten bei erfahrenen, an bestimmte Routinen oder Prozesse gewöhnten Mitarbeitern mögliche (Bewältigungs-)Ängste reduziert werden, indem sie bei der Vorbereitung auf neue Aufgaben unterstützt werden. Besonders lernungewohnte Mitarbeiter tun sich häufig schwer mit neuen Anforderungen am Arbeitsplatz. Das Lernen muss dann Schritt für Schritt erfolgen, damit die Aufgaben vom Mitarbeiter ohne übermäßigen (Lern)Stress bewältigt werden können. Bei älteren Arbeitnehmern ist vor allem zu berücksichtigen, dass sie in ihrem eigenen Tempo lernen und ihre Erfahrungen einbringen können. So kann es sinnvoll sein, sie unter sich oder allein lernen zu lassen. Altersgemischte Teams sind vorzuziehen, wenn es darum geht, voneinander zu lernen. Entscheidend ist: Das subjektive Gefühl, die beruflichen Herausforderungen bewältigen zu können, hilft dabei, einen kühlen Kopf zu bewahren und im inneren Gleichgewicht zu bleiben.

In vielen Unternehmen sinken mit dem steigenden Lebensalter die Chancen auf Weiterentwicklung. Stereotype Zuschreibungen durch jüngere Entscheidungsträger verhindern, dass Älteren noch Weiterbildungsmaßnahmen angeboten werden: »Wer es bis 50 nicht geschafft hat, kann es wohl nicht« oder »Das wird ihm/ihr doch sicher zu viel«, »Für die paar Jahre noch?« Viele 50+-Mitarbeiter wünschen sich jedoch im letzten Drittel ihres Berufslebens noch Entwicklungsperspektiven. Sie wollen das Gefühl haben, in der Organisation jetzt und in Zukunft gebraucht zu werden, was ihre Motivation erhöht und zu ihrer Gesunderhaltung beiträgt. Dabei geht es ihnen nicht unbedingt um den hierarchischen Aufstieg, sondern um Wertschätzung für bisher Geleistetes, um größere Verantwortungsbereiche, neue Herausforderungen und neue Themen.

Alter(n)sgerechte Unternehmenskultur

Die in der Gesellschaft und in Unternehmen noch weitverbreitete Jugendorientierung steht der Entwicklung einer alter(n)sgerechten Unternehmenskultur immer wieder im Wege. Jung ist dynamisch, schnell und sexy – manchmal ein bisschen naiv, alt ist träge, stur, kränkelnd, mancher »noch ganz fit für sein Alter«. Solche Stereotype zum Alter können durch Aufklärungsarbeit in der Organisation abgebaut werden. So sollte langfristig eine Kultur der Zusammenarbeit entstehen, in der erfahrene und jüngere Mitarbeiter gleichermaßen wertgeschätzt und unterstützt werden. Dann wird auch keine Abwertung der Leistungsfähigkeit Älterer erfolgen – weder im eigenen Erleben (»Dafür bin ich zu alt«) noch in der Zuschreibung von anderen (»In seinem Alter ...«).

Angesichts der sich verändernden Altersstruktur sollte der Begriff der Leistung generell überdacht werden. Wird Leistung vor allem definiert über körperliche Kraft, Geschwindigkeit, jugendlichen

Enthusiasmus und Betriebsamkeit? Oder zählen nicht genauso die Gelassenheit aus der Erfahrung, das Agieren im Hintergrund, das langjährig erworbene Know-how, das hohe Qualitätsbewusstsein und die Arbeitsmoral? Wieviel zählt die bisher erbrachte betriebliche Leistung? Wenn es gelingt, beginnende gesundheitliche Einschränkungen des Alterns als normale Entwicklung zu sehen, der man mit manchmal einfachen Maßnahmen entgegenwirken kann, entsteht ein gesundes Klima, in dem sich auch ältere Mitarbeiter wertgeschätzt und nicht abgeschrieben fühlen. Hier können in der Kommunikation mit den Mitarbeitern durch Informationsveranstaltungen, Dialogforen und Workshops Aufklärung geleistet und Einstellungen verändert werden. Führungskräfte sollten mit gutem Beispiel vorangehen, indem sie Gesundheit, Alter und Leistungsfähigkeit in ihren vielseitigen Facetten immer wieder thematisieren. Mit ihrer Vorbildrolle wirken sie als Promotoren in einer intergenerativen Unternehmenskultur. Grundlage dafür ist ein offener, kommunikativer und mitarbeiterorientierter Führungsstil.

Alternsgerechtes Führungsverhalten bedeutet insbesondere:

- die vorurteilsfreie Einschätzung des Leistungsvermögens Älterer,
- die Anerkennung der Leistung, aber auch die lösungsorientierte Thematisierung von Leistungsdefiziten,
- die Berücksichtigung der spezifischen Bedürfnisse und Notwendigkeiten älterer Mitarbeiter,
- die Förderung der Zusammenarbeit zwischen den verschiedenen Altersgruppen.

Wenn Führungskräfte allen Altersgruppen mit Achtung und Respekt begegnen, können sie dies auch von anderen verlangen. Führungskräfte, die sich um ihre eigene Gesundheit kümmern, z. B. selbst betriebsinterne Gesundheitsmaßnahmen nutzen, motivieren auch ihre Mitarbeiter eher dazu, mitzumachen.

Resümee

Gesundheits- und Generationenmanagement sind eng miteinander verzahnt. Vor dem Hintergrund alternder Belegschaften können wir das eine nicht ohne das andere betrachten. Ein demografieorientiertes Gesundheitsmanagement sollte daher nicht nur kurzfristig mit Einzelmaßnahmen, sondern strategisch und konzeptionell angesetzt werden, wobei jedes Unternehmen seine eigenen Schritte definieren muss. Zur Zukunftssicherung des Unternehmens müssen die Einflussfaktoren auf die Arbeitsleistung (Können – Wollen – Sollen – Dürfen) gezielt gestärkt und die Erfolgsfaktoren für unterstützendes Führungsverhalten berücksichtigt werden. Das Ziel von Gesundheits- und Generationenmanagement ist es, Junge möglichst lange gesund zu erhalten und Erfahrene ihren Möglichkeiten entsprechend einzusetzen. Dies gilt besonders, da in Zukunft auf weniger erwerbstätige Personen am Arbeitsmarkt zugegriffen werden kann. Heutige Investitionen in die Gesunderhaltung der Jüngeren werden sich später für die Unternehmen auszahlen. Frühverrentung als praktische »Umgehungsstraße« der potenziellen Gesundheitsprobleme älterer Arbeitnehmer wird wegen der Folgekosten (Rekrutierung auf einem enger werdenden Arbeitsmarkt, Einarbeitung und Qualifizierung, Erfahrungsverluste usw.) schon bald keine wirtschaftlich sinnvolle Lösung mehr sein.

Eines gilt für Mitarbeiter aller Altersstufen. Das Ausschöpfen der Potenziale zur Gesunderhaltung kann zu einem guten Teil über die Arbeit selbst und mit Unterstützung der Führungskraft erfolgen: Sinnstiftung und Motivierung, Information und Beteiligung, Anerkennen und Wertschätzen guter Leistungen, Erweitern von Handlungs- und Entscheidungsspielräumen, kooperativer Führungsstil sind hier die passenden Instrumente. Die Führungskraft trägt damit entscheidend dazu bei, dass sich ihre Mitarbeiter beruflich wie privat gesundheitsbewusst verhalten, um ihre Arbeitsfähigkeit zu sichern. Wenn Führungskräfte die aktuellen Gesundheits- und Generationenfragen ernst nehmen und mit ihren Kollegen und Mitarbeitern immer wieder thematisieren, können sie leicht im eigenen Bereich Problemfelder identifizieren und bearbeiten.

Einige Faktoren, wie beispielsweise die Unternehmenskultur, lassen sich nicht über Nacht verändern, sondern brauchen Geduld, kontinuierliches Engagement und einen langen Atem. Andere Faktoren, wie z. B. die Arbeitsplatzgestaltung, lassen sich schneller modifizieren. Angegangen werden sollten die einen wie die anderen, jedenfalls da, wo sie Veränderungsbedarf zeigen. Jede lange Reise beginnt mit einem ersten Schritt.

Literaturverzeichnis

Comelli, G.; Rosenstiel, L. v., 2001: Führung durch Motivation: Mitarbeiter für Unternehmensziele gewinnen, 4. Aufl. Vahlen, München

Holz, M., Da Cruz, P. (Hrsg.), 2007: Demografischer Wandel in Unternehmen: Herausforderung für die strategische Personalplanung. 1. Aufl. Gabler, Wiesbaden

Kasarek, R. A., 1979: Job demands, job decision latitude and mental strain: implications for job redesign. In: Administrative Science Quarterly 1979/24, 285-308

Checkliste: Wie fit ist Ihr Unternehmen für den demografischen Wandel?

	Ja	Nein
Wir kennen die Altersstruktur unserer Belegschaft.	✓	
Wir kennen die für ältere Beschäftigte kritischen Arbeitsplätze bzw. Arbeitsbereiche in unserem Betrieb (körperlich belastende oder taktgebundene Arbeiten, Schichtarbeit, belastende Arbeitsumgebung, ...)	✓	
Wir haben Ansatzpunkte zur Förderung der Gesundheit im Betrieb identifiziert.		✓
Wir unternehmen vorbeugende Maßnahmen z. B. ergonomische Arbeitsplatzgestaltung, Sportangebote, Gesundheitsworkshops, ...		✓
Wir ermöglichen älteren Mitarbeitern gesundheitsschondende Arbeitszeiten, z. B. Ausstieg aus der Schichtarbeit, flexible Arbeitszeiten, Teilzeit, ...		✓
Unsere Beschäftigten können Ihren Arbeitsrhythmus weitgehend selbst bestimmen.		✓
Wir haben altersgerechte Arbeitsplätze und nutzen diese gezielt für den Einsatz älterer Mitarbeiter(innen).		✓
Jung und Alt beherrschen bei uns kompetent neue Technologien.		✓
Wir überprüfen regelmäßig, ob alle Generationen im Unternehmen gleichermaßen an Weiterbildungen teilnehmen.	✓	
Das Einsatzspektrum der älteren Mitarbeiter ist ebenso groß wie das der jüngeren.	✓	
Wir setzen ältere Mitarbeiter gezielt an Arbeitsplätzen ein, an denen neue Verfahren und Entwicklungen eine Rolle spielen.		✓
Wir achten darauf, dass die Beschäftigten ihre Lernfähigkeit durch Arbeitsplatz- oder Aufgabenrotation trainieren.		✓
Wir achten bewusst daruf, dass die Beschäftigten – jüngere wie ältere – Anerkennung und Wertschätzung in ihrer Arbeit erfahren.	✓	

Autorinnen und Autoren

Alle Autorinnen und Autoren dieses Sammelbandes gehören zum Team von Metrion Management Consulting, einer deutschlandweit und international tätigen Unternehmensberatung mit Sitz in Frankfurt am Main. Seit vielen Jahren ist das Metrion Team auf dem Feld Gesundheitsmanagement für große und mittelständische Unternehmen tätig in der Beratung von Gesundheitsprojekten, der Konzipierung und Umsetzung von Trainings, der Durchführung von Coachingmaßnahmen sowie der Entwicklung von Konzepten und Tools. Weitere Informationen zu Metrion finden Sie unter: ***www.metrionconsulting.de***

Stefan Hölscher, geschäftsführender Partner von Metrion Management Consulting, ist als Managementberater, Trainer und Coach für zahlreiche internationale Großunternehmen sowie mittelständische und Non-Profit-Organisationen tätig. Seine Arbeitsschwerpunkte liegen in den Bereichen Führung, Persönlichkeitsentwicklung, Gesundheitsmanagement, Konfliktlösung und Change Management. Studien in Philosophie, Psychologie, Literatur und Geschichte (Dr. phil., Dipl.-Psych., M.A.), zahlreiche Zusatzqualifikationen sowie mehrjährige wissenschaftliche und psychotherapeutische Tätigkeiten prägen den Erfahrungshintergrund von Stefan Hölscher ebenso wie eine langjährige Erfahrung in der Arbeit mit Experten und Führungskräften auf allen Hierarchieebenen in unterschiedlichsten Organisationen.

Corinna Armbrüster ist Partnerin von Metrion Management Consulting. Als systemische Beraterin, Coach und Managementtrainerin sind ihre Kernthemen Führung, Gesundheitsmanagement, Persönlichkeitsentwicklung, Präsentation und Improvisation. Vorwiegend tätig ist Corinna Armbrüster für internationale Großunternehmen sowie mittelständische und Non-Profit-Organisationen. Das Fundament für Ihre Arbeit bilden eine Promotion in Psychologie, ein Studium der Erwachsenenbildung (Dr. phil., Dipl.-Päd.) und Zusatzausbildungen in systemischer Beratung und Coaching. Seit 12 Jahren ist Corinna Armbrüster zugleich als Improvisationstheater-Schauspielerin auf Bühnen zu sehen und integriert die Methoden der Improvisation auch in Beratung und Coaching, um Flexibilität und Spontaneität Raum zu geben.

Margret Beisheim ist Kooperationspartnerin von Metrion Management Consulting. Parallel zu ihrer langjährigen wissenschaftlichen Arbeit und Lehrtätigkeit für Personalmanagement an der Wiener Wirtschaftsuniversität und an Fachhochschulen ist sie als systemische Beraterin, Coach und Trainerin in Wirtschaftsorganisationen tätig. Ihre Arbeitsschwerpunkte sind Teamentwicklung, Generationenmanagement und demografischer Wandel, Führung und Kompetenzmanagement. Studien der Arbeits- und Wirtschaftswissenschaften (Dr. rer. soc. oec/Dipl.-Oec.) bilden den fachlichen Hintergrund von Margret Beisheim.

Pia Gaspard, Partnerin von Metrion Management Consulting, ist als systemische Beraterin, Trainerin und Coach für Wirtschafts- und Non-Profitunternehmen tätig. Ihre Arbeitsschwerpunkte liegen in den Bereichen Gesundheitsmanagement, Stressmanagement, Teamcoaching und Konfliktklärungen. Studien der Sportwissenschaft, Romanistik und Betriebswirtschaftslehre (Dipl.-Betriebswirtin [FH], Assessorin des Lehramts an Gymnasien), zahlreiche Fortbildungen sowie ihre Erfahrung als Personalleiterin und Personalentwicklerin prägen ihre praxis- und handlungsorientierte Arbeitsweise.

Petra Homberg, Kooperationspartnerin von Metrion Management Consulting, ist als Managementberaterin, Trainerin und Coach für zahlreiche internationale Großunternehmen sowie mittelständische und Non-Profit-Organisationen tätig. Ihre Arbeitsschwerpunkte liegen in den Bereichen Führung, Gesundheitsmanagement, Change Management und Persönlichkeitsentwicklung. Studien in Pädagogik, Psychologie und Publizistik (Dipl.-Päd.), zahlreiche Zusatzqualifikationen sowie wissenschaftliche Tätigkeiten prägen den Erfahrungshintergrund von Petra Homberg ebenso wie eine langjährige Erfahrung in der Arbeit mit Führungskräften und Experten auf allen Hierarchieebenen in unterschiedlichsten Organisationen.

Karin Pape, geschäftsführende Partnerin von Metrion Management Consulting, arbeitet als Beraterin, Trainerin und Coach in Wirtschaftsunternehmen und Non-Profit-Organisationen unterschiedlicher Größenordnungen. Neben den Themenschwerpunkten Führung, Veränderungsmanagement, Persönlichkeitsentwicklung und Gesundheitsmanagement liegt ihr besonderer Fokus auf dem Generationenmanagement in Organisationen. Aufgrund ihrer langjährigen Erfahrung als Personalentwicklerin und Führungskraft im Vertrieb eines internationalen Konsumgüterkonzerns verbindet Karin Pape ihre theoretische Basis als Ökonomin (Dipl.-Oec.) mit der praktischen Erfahrung in Vertriebs- und Führungsfunktionen.

Wolfgang Reiber, geschäftsführender Partner von Metrion Management Consulting, arbeitet als Managementberater, Trainer und Coach mit Führungskräften und Fachexperten unterschiedlicher Hierarchieebenen für zahlreiche international operierende Unternehmen. Seine Arbeitsschwerpunkte liegen in den Bereichen Führung, Change Management und persönliche Wirksamkeit, insbesondere von Fachexperten. Studien in Volkswirtschaftslehre und Wirtschaftspädagogik, langjährige Erfahrungen in unterschiedlichen Positionen in der industriellen Wirtschaft sowie mehrjährige Fortbildungen und Zusatzqualifikationen bilden den Hintergrund seiner Arbeit.